高等职业教育新形态系列教材

机械制
（活页式教材）

主编 王亚茹 姜 冰 王冬雪

北京理工大学出版社
BEIJING INSTITUTE OF TECHNOLOGY PRESS

内容简介

本书深入贯彻落实党的二十大精神，强调育人本质，加强思想政治及价值引领，让价值塑造、能力培养、知识传授有机融合。

本书以"做中学、学中做"为特征，以逻辑思维为主线，以"引导问题"为引领。其编写思路和主要特色是：校企"双元"开发；以技能为主导；以融合为手段；以思政为引导；体现学生本位。

本书可供高等院校、高职院校机械、机电一体化、电气自动化、焊接、数控、机器人专业教学及学生自学使用。

版权专有　侵权必究

图书在版编目（CIP）数据

机械制图 / 王亚茹, 姜冰, 王冬雪主编. -- 北京：北京理工大学出版社, 2023.6

ISBN 978-7-5763-2476-1

Ⅰ. ①机… Ⅱ. ①王… ②姜… ③王… Ⅲ. ①机械制图 Ⅳ. ①TH126

中国国家版本馆 CIP 数据核字（2023）第 108025 号

责任编辑：多海鹏　　文案编辑：多海鹏
责任校对：周瑞红　　责任印制：李志强

出版发行 / 北京理工大学出版社有限责任公司
社　　址 / 北京市丰台区四合庄路 6 号
邮　　编 / 100070
电　　话 /（010）68914026（教材售后服务热线）
　　　　　（010）68944437（课件资源服务热线）
网　　址 / http://www.bitpress.com.cn

版 印 次 / 2023 年 6 月第 1 版第 1 次印刷
印　　刷 / 河北盛世彩捷印刷有限公司
开　　本 / 787 mm × 1092 mm　1/16
印　　张 / 19.25
字　　数 / 393 千字
总 定 价 / 65.00 元

图书出现印装质量问题，请拨打售后服务热线，负责调换

本书深入贯彻落实党的二十大精神,强调育人本质,加强思想政治及价值引领,让价值塑造、能力培养和知识传授有机融合。

本书以"做中学、学中做"为特征,以逻辑思维为主线,以"引导问题"为引领,是一本适合职业院校教学和学生自学的教材。教材内容满足在工作现场学习的需要,提供简明易懂的"应知""应会"等现场指导信息。同时,又按照技术技能人才成长特点和教学规律,对学习任务进行有序排列。与传统教材相比,本书最大的特点是丰富了工作过程中需要的指导性信息,剔除了工作中不需要的陈旧知识,拉近了产、教之间的距离。

本书编写思路和主要特色如下:

(1) 校企"双元"开发。为了使教材最大限度地体现岗位工作要求,与企业合作"双元"开发教材,提炼职业能力,直接把岗位的工作任务与职业能力作为教材编写的依据,实现校企协同"双元"育人。

(2) 以技能为主导。本书符合"1+X"精神的课证融通式评价体系,挖掘深度,拓宽广度,将知识点打散、整合,设计了多个教学知识点,让学生和自学者可以清楚认识到"在什么条件下利用什么工具完成什么操作",任务结束后还安排了技能强化,可以在短时间内为机械工程领域培养所需要的新一代产业技术人,使学生适应第四次产业革命背景下个性化、精益化的需要。

(3) 以融合为手段。本书体现"互联网+"新形态一体化教学理念,每一手绘任务实例均配有AutoCAD软件制图过程演示,在知识目标中强化现代技术知识的学习,最大程度上开拓学生学习视野,突出制图技术与计算机辅助技术联合应用于工作岗位的特点,体现出新一代信息技术知识与传统技术知识的深度融合。

(4) 以思政为引导。结合具体项目提出工匠精神、创新精神、质量意识的要求,将"价值观"融入教学项目中,强化价值引领和社会担当意识,突出教学的思想性和目的性,实现传统项目化教材的转型升级;使"课程思政"与专业教学深度融合,让学生明白为谁学习、为谁工作,为中华民族复兴提供高素质人才。

(5) 体现学生本位。教材任务单元的基本设计思想是通过任务布置环节强化学生的问题意识,在方案设计与方案实施环节强化学生对技术知识的理解和工作过程的体验,在检查和评价环节强化学生运用知识分析和解决问题的能力。本书包含任务布置、任务实施、任务评价、强化技能、知识链接、课堂测试、微课自学等环节促使学生主动思考,让学生学会举一反三,实现知识和技能的有效迁移,培养学生在不同工作情境下常见问题的解决能力。

课程思政导读：

序号	素质养成	课程实施	阶段设置
1	学生增强责任意识，成就心怀国之大者的新型技术人才，走科技强国之路	介绍"中国智造"和中国制造业领先世界成果	任务1-1设置小栏目：讨论"天生我材必有用：面对我国技术技能人才匮乏的现实问题，我应贡献微薄之力量"
2	学生养成精益求精、严谨、耐心、专注、踏实敬业的职业素养，弘扬工匠精神	选取3个大国工匠案例，让学生扫码观看	任务1-2设置小栏目："在平凡中非凡，在尽头处超越"，请同学们扫描任务单中二维码观看视频，回答下面问题： 1. 匠心指的是什么？ 2. 只有高学历才能成就大国工匠吗
			任务2-1中提出"细节决定成败"，同时设置小栏目，让学生结合大国工匠视频谈谈感受
			任务5-2设置小栏目：让学生更加深入地体悟"精益求精"的工作精神
3	学生增强安全与环保责任意识	安全使用绘图工具及测量工具	任务1-1设置小贴士，讲解绘图工具的使用
			任务7-1安排测量工具安全使用视频二维码，设置小栏目："差之毫厘谬以千里""千里之堤毁于蚁穴"，这些成语都告诉我们一个道理：科学来不得一点马虎、一个疏忽，0.001 mm的误差都可能造成大的安全事故。查找相关安全故事，讲述给同学听
4	学生提升自信心，不畏困难，坚定前行，努力奋斗	标语：困难像弹簧，你弱它就强，你强它就弱	任务2-2设置小栏目：讨论面对困难如何选择
		"鸟欲高飞先振翅，人求上进先读书"	任务3-1设置小栏目：讨论如何理解"鸟欲高飞先振翅，人求上进先读书"
		《西游记》第二回：悟空道："这个却难！却难！"祖师道："世上无难事，只怕有心人。"悟空闻得此言，叩头礼拜	任务4-2设置小栏目：请同学们分组讨论悟空为何叩头礼拜

续表

序号	素质养成	课程实施	阶段设置
5	学生养成"干一行,爱一行,钻一行"的职业素养	由任务载体螺栓连接件引出:雷锋有一种很可贵的精神,即"螺丝钉精神",任务单中的大国工匠"从维修工到大国工匠,打破国外技术垄断"也正是因为有"螺丝钉精神"	任务5-1设置小栏目:请同学们分组讨论什么是"螺丝钉"精神
6	学生提升团队精神,具有协作精神	由任务载体螺栓连接件引出:团结就是力量,团队使我们强大,众志成城、互相帮助才能更好地完成任务	任务5-3中设置小栏目:请同学们查找资料——锁头和钥匙的故事,结合本任务的连接件,谈谈自己的感受
6	学生提升团队精神,具有协作精神	由任务载体齿轮引出:我们都是齿轮上的一齿,密切协作,相互配合,以己之长,补他人之短,以善良、真诚为动力,咬合越密,运转越快	任务5-5设置小栏目:请同学们查找相关资料,谈一谈什么是"齿轮精神"
7	学生积极动手、动脑,提升守正创新的积极性	学生根据自己的想法搭积木,绘制三视图	项目3设置小栏目:学生分组自行搭积木,并绘制搭出来的组合体的三视图
8	学生具有爱国主义精神	由载体——键引出:位卑未敢忘忧国,小小的零件,却是整个设备的关键,每一个个体,都是中华强国的一员,加油吧,自信的你	任务5-4设置小栏目:"位卑未敢忘忧国""国家兴亡,匹夫有责",爱国无关地位高低,担责无关男女老幼,学生时期,我们应该如何做才是爱国

  本书由王亚茹、姜冰、王冬雪担任主编,参编人员有姜苏、张晶、刘楠楠。其中王亚茹编写主教材中的项目1、项目2、项目4及配套习题集中的项目1、项目2和项目4;姜冰编写主教材中的项目9及附录中的附表1~附表6;王冬雪编写主教材中的项目5;姜苏编写附录中的附表7~附表12及配套习题集中的项目3、项目5~项目9;张晶编写主教材中的项目3和项目6;刘楠楠编写主教材中的项目7和项目8。全书由王亚茹、姜冰负责统稿,由四平艾斯克机电股份公司刘志工程师参与确定任务载体,并提出宝贵意见。

  由于编者水平有限,教材中的疏漏和不足之处,恳请广大读者批评指正。

编 者

目 录

项目 1　识读并绘制交换齿轮架平面图形 ·················· 1
　　任务 1-1　尺规绘制并识读垫片零件图 ·················· 1
　　任务 1-2　绘制吊钩平面图 ·················· 20

项目 2　绘制并识读支撑座三视图 ·················· 37
　　任务 2-1　绘制 V 形体三视图 ·················· 37
　　任务 2-2　绘制六棱柱三视图 ·················· 46
　　任务 2-3　绘制圆柱体的三视图 ·················· 55

项目 3　绘制并识读组合体三视图 ·················· 67
　　任务 3-1　绘制并识读平面组合体三视图 ·················· 67
　　任务 3-2　绘制并识读支座三视图 ·················· 77

项目 4　绘制轴测图 ·················· 88
　　任务 4-1　绘制 V 形铁正等轴测图 ·················· 88
　　任务 4-2　绘制盘类零件斜二轴测图 ·················· 97

项目 5　绘制并识读螺纹件三视图 ·················· 107
　　任务 5-1　绘制螺栓零件图 ·················· 107
　　任务 5-2　绘制螺母零件图 ·················· 118
　　任务 5-3　绘制螺栓装配图 ·················· 124
　　任务 5-4　键、销 ·················· 130
　　任务 5-5　绘制直齿圆柱齿轮件 ·················· 138

项目 6　徒手绘制简单零件图 ·················· 149
　　任务 6-1　绘制垫片平面图形 ·················· 149

项目 7　测绘一级直齿圆柱齿轮减速器从动轴 …………………………………… 159
任务 7-1　测绘一级直齿圆柱齿轮减速器从动轴 ……………………………… 159

项目 8　绘制一级直齿圆柱齿轮减速器从动轴组件装配示意图及装配图 ………… 180
任务 8-1　绘制一级直齿圆柱齿轮减速器从动轴组件装配示意图 ……………… 180
任务 8-2　绘制一级直齿圆柱齿轮减速器从动轴组件装配图 …………………… 186

项目 9　AutoCAD 绘制并识读方形螺母零件图 …………………………………… 192
任务 9-1　绘制并识读螺母零件图 ………………………………………………… 192

附录

附表 1　普通螺纹直径与螺距系列（GB/T 193—2003）、基本尺寸（GB/T 196—2003）………………………………………………………………………… 221

附表 2　六角头螺栓—A 级和 B 级（GB/T 5782—2000）……………………… 222

附表 3　双头螺柱（GB/T 897—1988 等）……………………………………… 224

附表 4　I 型六角螺母 A 级和 B 级（GB/T 6170—2000）……………………… 225

附表 5　小垫圈—A 级（GB/T 97.1—2002）、大垫圈—A 级（GB/T 96.1—2002）平垫圈—倒角型—A 级（GB/T 97.2—2002）………………………… 226

附表 6　标准型弹簧垫圈（GB/T 93—1987）、轻型弹簧垫圈（GB/T 859—1987）… 228

附表 7　开槽圆柱头螺钉（GB/T 65—2000）、开槽盘头螺钉（GB/T 67—2000）… 229

附表 8　开槽沉头螺钉（GB/T 68—2000）、开槽半沉头螺钉（GB/T 69—2000）… 231

附表 9　开槽锥端紧定螺钉（GB/T 71—2000）、开槽平端紧定螺钉（GB/T 73—2000）、开槽长圆柱端紧定螺钉（GB/T 75—2000）………… 233

附表 10　平键槽的剖面尺寸（GB/T 1095—2003）、普通平键的形式和尺寸（GB/T 1096—2003）………………………………………………… 234

附表 11　圆柱销（GB/T 119.1—2000）………………………………………… 235

附表 12　圆锥销（GB/T 117—2000）…………………………………………… 236

项目1　识读并绘制交换齿轮架平面图形

项目导读

通过任务1-1和任务1-2的学习，学生能正确绘制图框、填写标题栏；能识读和绘制简单平面图形；能规范标注尺寸。逐步养成质量意识、规范意识、团队意识，培养学生自主学习能力，提高分析和解决问题能力，使工匠精神贯穿始终。

任务1-1　尺规绘制并识读垫片零件图

任务单

任务载体	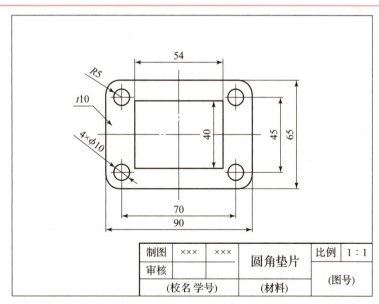
	垫片是两个物体之间的机械密封，通常用于防止两个物体之间受到压力、腐蚀和管路自然地热胀冷缩泄漏。本图所示为圆角垫片，请完成该图形的绘制及尺寸标注

续表

职业能力	正确绘制、填写图框和标题栏	对应知识点 1、2、3	细节决定成败；树立严肃认真、一丝不苟的工作作风和良好的绘图习惯；每天进行整理，营造整齐的绘图环境
	识读并绘制简单平面图形	对应知识点 4、5	
	规范标注尺寸	对应知识点 6	
计划学时	6 学时		
学习要求	按照给定的零件图，依据机械制图国家标准规定，正确抄画零件图		

一、图板、丁字尺

图板是铺贴图纸用的，要求板面平坦光洁，左、右两侧导边必须平直光滑。绘图时图纸用胶带固定在图板的适当位置上，如图1-1-1所示。

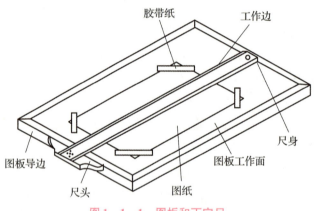

图1-1-1 图板和丁字尺

丁字尺由尺头和尺身组成，使用时尺头的内侧边必须紧贴在图板左侧导边，用左手推动丁字尺头沿图板上下移动，可画出不同位置的水平线。

二、三角板

一副三角板由45°和30°（60°）两块直角三角板组成。三角板与丁字尺配合可画垂直线（见图1-1-2），还可画出与水平线成30°、45°、60°及75°、15°的倾斜线，如图1-1-3所示。两块三角板配合使用，可画出任意已知直线的平行线或垂直线。

小 贴 士

工欲善其事必先利其器，请同学们准备好绘图工具，并学会使用。

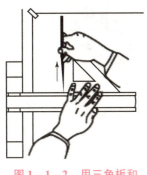

图1-1-2 用三角板和丁字尺画垂直线

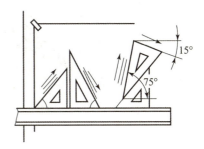

图1-1-3 用三角板画常用角度斜线

三、圆规

圆规是用来画圆或者圆弧的绘图工具。画图时应使用有台肩的钢针,以防止圆心针孔扩大,同时还应使肩台与铅芯平齐,针尖及铅芯与纸面垂直,如图1-1-4所示。画圆时,先将圆规两腿分开至所需的半径尺寸,利用左手食指把针尖放在圆心位置,将针尖扎入图纸和图板,按顺时针方向稍微倾斜地转动圆规,转动的速度和力要均匀,如图1-1-5所示。

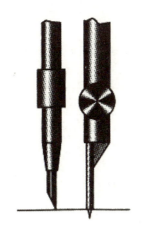

图1-1-4 钢针与铅芯

图1-1-5 圆规的使用

四、铅笔

铅笔应从没有标号的一端开始使用。画粗实线时,应将铅芯磨成铲形,如图1-1-6(a)所示;画其余线型时应将铅芯磨成圆锥形,如图1-1-6(b)所示。绘图时还需要准备小刀、三角板、橡皮、擦图板等工具。

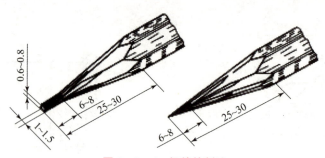

图 1-1-6　铅笔的削法

(a) 铲形；(b) 圆锥形

绘图工具的使用

任务 1-1-1　识读零件图

子任务 1　请同学们仔细观察图 1-1-7，完成下列问题。

图 1-1-7 中零件的名称是什么？
图形由哪些基本线型构成？
阅读后面的知识链接回答下列问题： 尺寸界线用＿＿＿＿线绘制，尺寸线用＿＿＿＿线绘制，尺寸数字用于表示零件实际尺寸数值，一般写在尺寸线＿＿＿＿，角度的尺寸数字应＿＿＿＿书写。

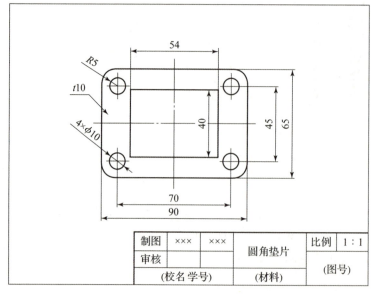

线型

图 1-1-7　零件图

微评：改正错误，夯实基础。

子任务 2　请同学们仔细想一想，完成这个零件图需要哪些绘图工具。

主要绘图工具：

微评：改正错误，夯实基础。

子任务 3　请同学们认真观察 4 图形，明确图中所标注尺寸的含义。

R5：
4×φ10：
90：
65：
t10：

微评：改正错误，夯实基础。

子任务 4　图 1-1-7 中尺寸 70、45 的作用是什么？

70：
45：

微评：改正错误，夯实基础。

子任务 5　查找资料，完成下表。

在不同幅面的图纸上，确定画图大小的依据是什么？

比例

微评：改正错误，夯实基础。

任务 1-1-2　用尺规抄画垫片零件图

子任务 1　请同学们结合知识链接和微视频，完成下列问题。

图框线型：

图框标题栏

微评：改正错误，夯实基础。

子任务 2　请同学们归纳总结图 1-1-7 的绘图步骤。

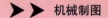

| |
| |
| |
| |

微评：改正错误，夯实基础。

子任务3 请同学们拿出 A4 图纸，画好图框和标题栏，按照任务单中给定的零件图进行抄画。

微评：改正错误，夯实基础。

 任务实施

准备好绘图工具，在 A4 图纸上完成圆角垫片零件图。

提示：

（1）鉴别图纸正反面后贴图。

（2）画底图时，用细实线画出图框线及标题栏。

（3）图面布置要均匀，作图要准确。

（4）按图所给尺寸画底图，然后按图线标准描深、抄注尺寸，最后描深图框线并填写标题栏。

（5）标题栏中，图名、校名用 10 号字书写，其余用 5 号字书写，日期用阿拉伯数字书写。

 任务评价

填写工作任务评价单。

工作任务评价单

班级		姓名		学号		成绩	
组别		任务名称				参考学时	
序号	评价内容			分数	自评分	互评分	组长或教师评分
1	课前准备（课前预习情况）： 5 道预习检测题，对 1 道题得 1 分			5			
2	知识链接（完成情况）： 课堂小测成绩×10%			10			

续表

序号	评价内容	分数	自评分	互评分	组长或教师评分
3	任务计划与决策： 讨论决策中起主导作用 17～20 分，积极参与讨论 10～17 分，认真思考、听取讨论 10 分，积极为他人解疑、帮助同学 5 分	25			
4	任务实施（图线、表达方案、图线布局等）： 图框、标题栏 1～5 分，布局 1～5 分，正确绘制 1～5 分，线型均匀、正确 1～5 分	25			
5	绘图质量： 正确绘制 10 分，图面整洁度 1～10 分，粗细线条清晰度 1～5 分，尺寸标注 1～5 分	30			
6	遵守课堂纪律： 出勤 1 分，按要求完成 2 分，帮助同学并清理打扫教室卫生 2 分	5			
	总分	100			
综合评价（自评分×20% + 互评分×40% + 组长或教师评分×40%）					
组长签字：			教师签字：		
学习体会					

强化技能

1. 实践名称

方形垫片。

2. 实践目的

(1) 绘制简单平面图。

(2) 掌握绘图仪器及工具的正确使用。

(3) 贯彻机械制图国家标准规定。

3. 实践要求

(1) 完成方形垫片的抄画,绘图比例1:1,标注尺寸。

(2) 遵守国家标准中图幅、比例、图线、字体、尺寸标注的有关规定。

(3) 同类图线全图粗细一致、字体工整。

(4) 树立严肃认真、一丝不苟的工作作风和良好的绘图习惯。

4. 实践提示

(1) 鉴别图纸正反面后贴图。

(2) 画底图时,用细实线画出图框线及标题栏。

(3) 图面布置要均匀,作图要准确。

(4) 按图所给尺寸画底图,然后按图线标准描深、标注尺寸,最后描深图框线并填写标题栏。

(5) 标题栏中,图名、校名用10号字书写,其余用5号字书写,日期用阿拉伯数字书写。

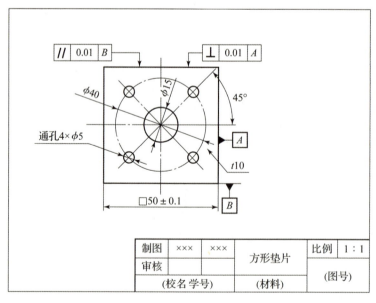

方形垫片零件图:

续表

完成任务区。

 知识链接

知识点1：图幅

图纸宽度与长度组成的图面，称为图纸幅面。基本幅面共有五种，绘图时优先采用表1-1-1中的基本幅面。基准幅面的尺寸关系如图1-1-8所示。

表1-1-1 基本幅面（第一选择）　　　　　　　　　　　　　　　　　　　　mm

幅面代号	A0	A1	A2	A3	A4
（短边×长边）	841×1 189	594×841	420×594	297×420	210×297
（无装订边的留边宽度）e	20	20	20	10	10
（有装订边的留边宽度）c	10	10	10	5	5
（装订边的宽度）a	25	25	25	25	25

❖ 提示 ❖

　　国家标准规定，机械图样中的尺寸以 mm 为单位，不需要标注单位符号（名称）。如采用其他单位，则必须注明相应的单位符号。

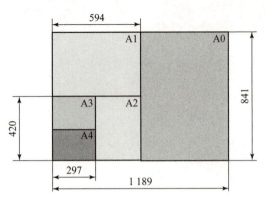

幅面代号	$B×L$	e	c	a
A0	841×1 189	20	10	25
A1	594×841	20	10	25
A2	420×594		10	25
A3	197×420	10	5	25
A4	210×297	10	5	25

图 1-1-8　基本幅面尺寸关系

知识点 2：图框格式

图框是图纸上限定绘图区域的线框，用粗实线画出，其格式分为留装订边和不留装订边两种，同一产品的图样只能采用一种格式，优先采用不留装订边的格式，如图 1-1-9 和图 1-1-10 所示。为了方便图样的复制，常在图框各边的中点处分别画出对中符号，如图 1-1-11 所示。

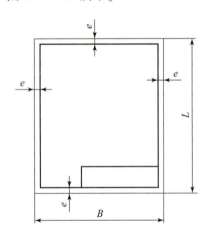

图 1-1-9　不留装订边的图框格式

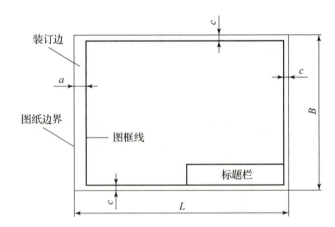

图 1-1-10　留装订边的图框格式

知识点 3：标题栏

标题栏包括以下内容：制图者的姓名及制图日期、校核人的姓名及校核日期、班级、零件名称、零件材料、零件数量、绘图比例以及图号。标题栏在机械图样中必须画出，一般应画在图样的右下角。

标题栏中的文字方向为看图方向。如果使用预先印制的图纸，需要改变标题栏的方位，则必须将其旋转至图纸的右上角。此时，为了明确绘图与看图的方向，应在图纸的下边对中符号处画出方向符号，如图 1-1-11 所示。

> **❖ 提示 ❖**
> 标题栏中的文字方向为看图方向。

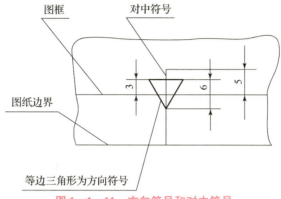

图1-1-11 方向符号和对中符号

在学校制图作业中，为了简化作图，建议采用如图1-1-12和图1-1-13所示的简化标题栏和明细栏。

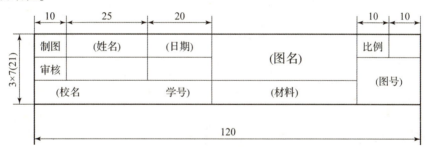

图1-1-12 简化标题栏

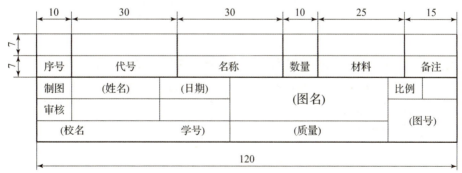

图1-1-13 明细栏

知识点4：常用图线

图中所采用的各种不同形式的线，称为图线。国家标准 GB/T 4457.4—2002《机械制图 图样画法 图线》规定了在机械图样中常使用的九种图线，具体规定及应用见表1-1-2和图1-1-14。

表1-1-2 图线的名称、线型、线宽及应用（摘自 GB/T 4475.4—2002）

图线名称	图线型式	图线宽度	一般应用
粗实线	——————	d	可见轮廓线、可见过渡线
虚线	- - - - - -	约 $d/2$	不可见轮廓线、不可见过渡线
细实线	——————	约 $d/2$	尺寸线、尺寸界线、剖面线等
细点画线	— · — · —	约 $d/2$	轴线、中心线
双点画线	— ·· — ·· —	约 $d/2$	极限位置轮廓线
波浪线	～～～～	约 $d/2$	断裂处的边界线
粗点画线	— · — · —	d	有特殊要求的线等
双折线	—/\—/\—	约 $d/2$	断裂处的边界线

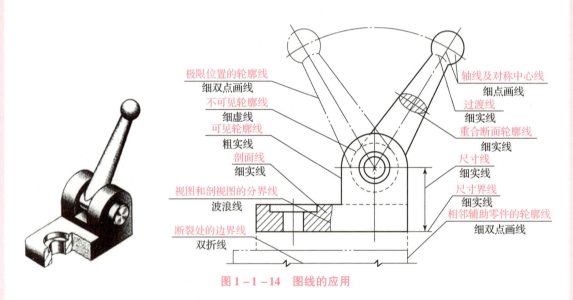

图 1-1-14 图线的应用

机械图样中常采用粗、细两种线型，线宽的比例关系为 2∶1。图线的宽度应按图样的类型和大小，在下列数系中选取：0.13 mm、0.18 mm、0.25 mm、0.35 mm、0.5 mm、0.7 mm、1.0 mm、1.4 mm、2 mm。

粗实线的宽度通常采用 0.7 mm，与之对应的细实线的宽度为 0.35 mm。

❖ 提示 ❖

在同一图样中，同类图线的宽度应基本一致，线段长度和间隔应大致相等。

知识点5：比例

图中图形与其实物相应要素的线性尺寸之比，称为比例。为了在图样上直接反映实物的大小，绘图时应尽量采用原值比例。在绘图时，应根据实际需要选取放大比例或者缩小比例，其比例系列见表 1-1-3。

表 1-1-3 比例系列

种类	定义	优先选择系列	允许选择系列
原值比例	比值为 1 的比例	$1:1$	
放大比例	比值大于 1 的比例	$5:1$　$2:1$　$5\times10^n:1$ $2\times10^n:1$　$1\times10^n:1$	$4:1$　$2.5:1$　$4\times10^n:1$ $2.5\times10^n:1$
缩小比例	比值小于 1 的比例	$1:2$　$1:5$　$1:10$　$1:2\times10^n$ $1:5\times10^n$　$1:1\times10^n$	$1:1.5$　$1:2.5$　$1:3$　$1:1.5\times10^n$ $1:2.5\times10^n$　$1:3\times10^n$　$1:4\times10^n$ $1:6\times10^n$
注：n 为正整数			

> ❋ 提示 ❋
> 图样中所标注的尺寸数值必须是实物的实际大小，与绘图所采用的比例无关。

绘图比例实例如图 1-1-15 所示。

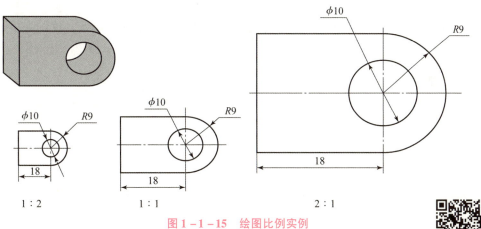

图 1-1-15 绘图比例实例

尺寸标注

知识点6：尺寸标注

1. 尺寸标注基本规则

（1）机件的真实大小应以图样上所注的尺寸数值为依据，与图形的大小及绘图的准确度无关。

（2）图样中（包括技术要求和其他说明）的尺寸，以 mm 为单位时，无须标注计量单位符号或名称，如采用其他单位，则应注明相应的单位符号。

（3）图样中所标注的尺寸为该图样所示机件的最后完工尺寸，否则应另加说明。

（4）机件的每一尺寸一般只标注一次，并应标注在反映该结构最清晰的图形上。

2. 尺寸标注组成

尺寸标注由尺寸界线、尺寸线和尺寸数字三个要素组成，如图1-1-16所示。

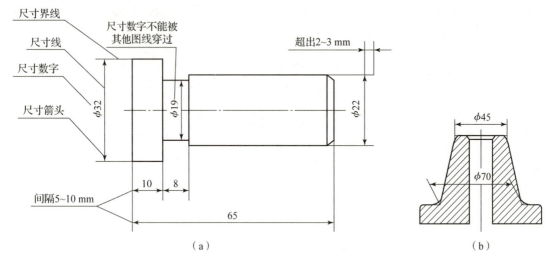

图1-1-16 尺寸标注组成

尺寸界线和尺寸线画成细实线，尺寸线终端有箭头和斜线两种形式，当没有足够的地方画箭头时，可用小黑点代替。

机械图中尺寸线的终端一般用箭头，其尖端应与尺寸界线接触，箭头长度约为粗实线宽度的6倍。土建图一般用45°斜线，斜线的高度应与尺寸数字的高度相等。如图1-1-17所示。

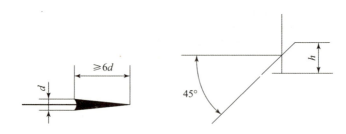

图1-1-17 尺寸线终端的两种形式

3. 平面图形标注尺寸的基本要求

平面图形标注尺寸的基本要求是：正确、齐全、清晰。

标注尺寸首先要遵守国家标准有关尺寸注法的基本规定，通常先标注定形尺寸，再标注定位尺寸。通过几何作图可以确定的线段，不要标注尺寸。尺寸标注完成后要检查是否有重复或遗漏。在作图过程中没有用到的尺寸是重复尺寸，要删除；如果按所注尺寸无法完成作图，则说明尺寸不齐全，应补注所需尺寸。标注尺寸时应注意布局清晰。

4. 尺寸标注示例

尺寸标注示例见表1-1-4。

表 1-1-4 尺寸标注示例

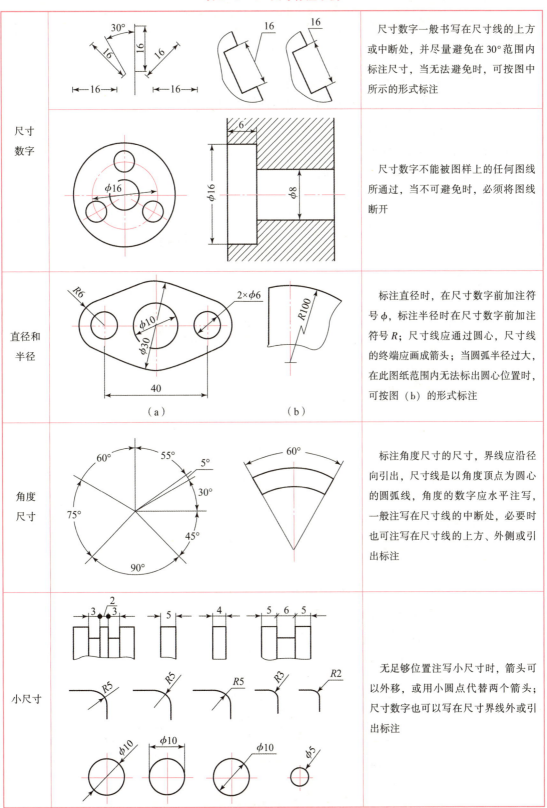

知识点7：斜度和锥度

1. 斜度

斜度：指一条直线对另一条直线或一个平面对另一个平面的倾斜程度，其大小用该两直线或平面夹角的正切值来表示，并简化为 $1:n$ 的形式。

斜度符号如图 1-1-18 所示。

斜度作图及标注如图 1-1-19 所示。

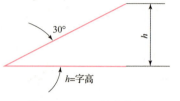

图 1-1-18 斜度符号

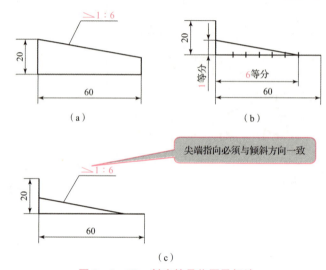

图 1-1-19 斜度符号作图及标注

2. 锥度

锥度：指正圆锥体底圆直径（D）与锥高（L）之比，或为上、下底圆直径之差（$D-d$）与圆锥台高度（l）之比。

锥度大小：

$$锥度 = 2\tan\alpha = D/L = (D-d)/l$$

实际应用中锥度大小常用 $1:n$ 的形式表示（n 为自然数）。

锥度符号作图及标注如图 1-1-20 所示。

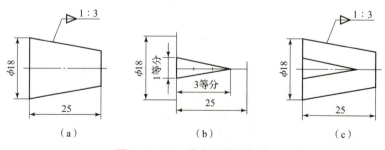

图 1-1-20 锥角符号及标注

> **提示**
> 斜度和锥度符号的线宽为 $h/10$（h 为图样中字体高度）。

测 试

课堂小测
班级：　　　　　　　　　　　　　姓名：
一、填空题
1. 图纸基本幅面有_____种，分别为_____、_____、_____、_____、_____。 2. 标题栏通常位于图样的_____，读图方向与标题栏中的_____方向一致。 3. 比例是指图样中_____与_____相应要素的线性尺寸之比。 4. 比例分为_____、_____、_____三种。2∶1是_____比例。 5. 零件的真实大小应以图样所标注的_____为依据，与图样_____无关。 6. 零件图图框应用_____画出。 7. 图样中采用粗、细两种线型，线宽比例为_____。 8. 机械图样中可见轮廓线用_____线画。 9. 机械图样中中心线、轴线用_____线画。 10. 机械图样中尺寸线、尺寸界线用_____线画。
二、仔细阅读分析，叙述符号含义
1. $\phi 30$：_____ 2. $4 \times \phi 10$：_____ 3. $R26$：_____

线型易错示例：

（1）波浪线绘制只能与轮廓线平齐；双折线、细双点画线绘制时都要延长出轮廓线 5 mm 左右。分界线之间的轮廓线应断开，但中心线、轴线等不断开，如图 1-1-21 所示。

（2）为缩短实际零件长度，分界线之间的轮廓线应隔断，如图 1-1-22 所示。

（3）分界线之间的中心线不应断开，如图 1-1-23 所示。

（4）根据产品图样设计要求，细点画线在可见轮廓的两端，线条延伸出来 3~5 mm，长短应基本一致，如图 1-1-24 所示。

（5）剖面符号是机械制图中很重要的组成部分，通过在剖面区域中用不同的线条形状或颜色表示不同的机件材料及机件间的相互关系，以便于机械图样的认读。剖面符号现行标准是 GB/T 4457.5—1984《机械制图　剖面符号》。其常见错误是混淆金属与非金属材料的剖面符号，如图 1-1-25 所示。

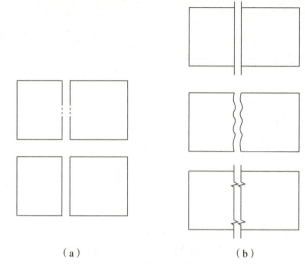

(a) (b)

图 1-1-21　线型易错示例（一）

(a) 错误标记；(b) 正确标记

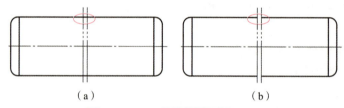

(a) (b)

图 1-1-22　线型易错示例（二）

(a) 错误标记；(b) 正确标记

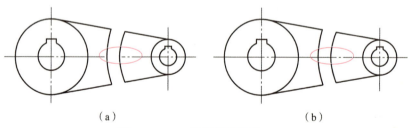

(a) (b)

图 1-1-23　线型易错示例（三）

(a) 错误标记；(b) 正确标记

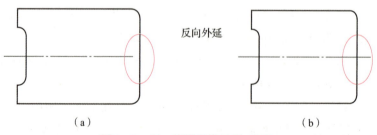

反向外延

(a) (b)

图 1-1-24　线型易错示例（四）

(a) 错误标记；(b) 正确标记

（a） （b）

图1-1-25　线型易错示例（五）

(a) 错误标记；(b) 正确标记

（6）相邻辅助零件用细双点画线绘制。相邻的辅助零件不应遮盖为主的零件，而可以被为主的零件遮挡。相邻的辅助零件的断面不画剖面线。当轮廓线无法明确绘制时，则其特定的封闭区域应用双点画线绘制。如图1-1-26所示。

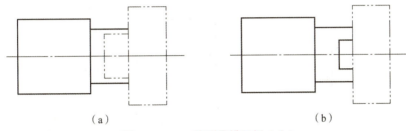

（a） （b）

图1-1-26　线型易错示例（六）

(a) 错误标记；(b) 正确标记

（7）GB/T4458.1—2002《机械制图　图样画法　视图》中5.15条规定：滚花、槽沟等网状结构应用粗实线完全或部分地表示出来，如图1-1-27所示。

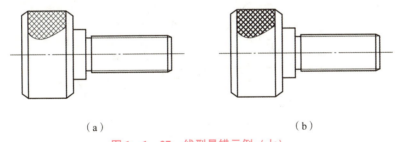

（a） （b）

图1-1-27　线型易错示例（七）

(a) 错误标记；(b) 正确标记

小栏目

中国智造，是我国加快推进产业结构调整、适应需求结构变化趋势、完善现代产业体系、积极推进传统产业技术改造、加快发展战略性新兴产业、提升中国"智造"水平、全面提升产业技术水平和国际竞争力的一项重要发展战略，不仅是当前和今后一段时间经济工作的重要任务，而且需要知识产权在其中发挥应有的支撑作用。

请同学们查找中国智造领先世界的成果，并分小组讨论"天生我材必有用：面对我国技术技能人才匮乏的现实问题，我应贡献微薄之力量"。

任务 1-2　绘制吊钩平面图

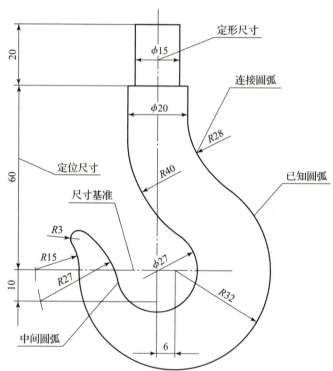

任务载体	一些工程车辆在工作时，通常借助吊钩牵引或者提升重物，下图为吊钩机械图形，请完成该图形的绘制及标注尺寸		
职业能力	识读并分析平面复杂图形	对应知识点：1、2	走工匠路，铸工匠魂； 把简单的事做对； 把做对的事做细； 把做细的事做精
	绘制圆弧连接	对应知识点：3	
	绘制平面图形	对应知识点：4	
	标注复杂平面图形尺寸	对应知识点：5	
计划学时	6 学时		
学习要求	按照给定的零件图，依据机械制图国家标准规定，正确抄画零件图		

小贴士

工欲善其事，必先利其器，请同学们准备好铅笔、圆规、直尺、三角板、壁纸刀、橡皮等绘图工具。

任务分析

任务1-2-1 识读零件图

子任务1　请同学们仔细观察图1-2-1，完成下列问题。

图1-2-1图形图名：
图1-2-1图形由哪些基本线型构成：
回忆任务1-1知识链接回答下列问题：
对称线用_____线绘制，中心线用_____线绘制，直径数字前加字母_____，R10 代表_____含义。

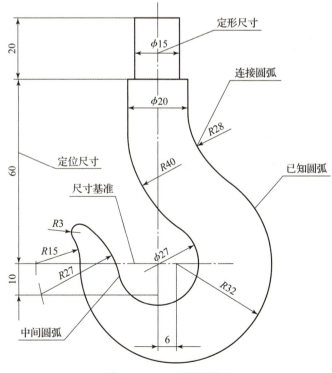

图1-2-1　吊钩平图形

圆弧链接

微评：改正错误，夯实基础。

子任务 2　请同学们仔细想一想，在图 1-2-1 中，哪些是定形尺寸？哪些是定位尺寸？

定形尺寸：
定位尺寸：

微评：改正错误，夯实基础。

子任务 3　请同学们仔细想一想，在图 1-2-1 中，哪些是已知线段？哪些是中间线型？哪些是连接线段？

已知线段：
中间线段：
连接线段：

微评：改正错误，夯实基础。

子任务 4　请同学们认真观察图 1-2-1 所示图形，明确图中所标注尺寸的含义。

10：
$\phi15$：
$R15$：

微评：改正错误，夯实基础。

子任务 5　图 1-2-1 中 $R32$ 圆弧的圆心如何确定？

微评：改正错误，夯实基础。

子任务 6　图 1-2-1 中 $R27$ 圆弧的圆心如何确定？

微评：改正错误，夯实基础。

任务1-2-2　用尺规抄画吊钩零件图

子任务1　请同学们结合知识链接和微视频，完成下列问题。

完成圆弧连接的关键：

微评：改正错误，夯实基础。

子任务2　请同学们归纳总结图1-2-1的绘图步骤。

微评：改正错误，夯实基础。

子任务3　请同学们拿出A4图纸，画好图框和标题栏，按照任务单中给定的零件图进行抄画。

微评：改正错误，夯实基础。

任务实施

准备好绘图工具，在A4图纸上完成交换齿轮架零件图，比例1∶1。

提示：

（1）鉴别图纸正反面后贴图。

（2）画底图时，用细实线画出图框线及标题栏。

（3）图面布置要均匀，作图要准确。

（4）按图所给尺寸画底图，然后按图线标准描深、抄注尺寸，最后描深图框线并填写标题栏。

（5）标题栏中，图名、校名用10号字书写，其余用5号字书写，日期用阿拉伯数字书写。

任务评价

填写工作任务评价单。

工作任务评价单

班级		姓名		学号		成绩	
组别		任务名称			参考学时		
序号	评价内容		分数	自评分	互评分	组长或教师评分	
1	课前准备（课前预习情况）： 5 道预习检测题，对 1 道题得 1 分		5				
2	知识链接（完成情况）： 课堂小测成绩×10%		10				
3	任务计划与决策： 讨论决策中起主导作用 17～20 分，积极参与讨论 10～17 分，认真思考、听取讨论 10 分，积极为他人解疑、帮助同学 5 分		25				
4	任务实施（图线、表达方案、图线布局等）： 图框、标题栏 1～5 分，布局 1～5 分，正确绘制 1～5 分，线型均匀、正确 1～5 分		25				
5	绘图质量： 正确绘制 10 分，图面整洁度 1～10 分，粗细线条清晰度 1～5 分，尺寸标注 1～5 分		30				
6	遵守课堂纪律： 出勤 1 分，按要求完成 2 分，帮助同学并清理打扫教室卫生 2 分		5				
	总分		100				
综合评价（自评分×20% + 互评分×40% + 组长或教师评分×40%）							
组长签字：				教师签字：			
学习体会							

1. **实践名称**

绘制平面图形。

2. 实践目的

（1）绘制带圆弧连接的平面图。

（2）初步掌握绘图仪器及工具的正确使用。

（3）贯彻机械制图国家标准的规定。

3. 实践要求

（1）完成抄画交换齿轮架，绘图比例 1∶1，抄注尺寸。

（2）遵守国家标准中图幅、比例、图线、字体、尺寸标注的有关规定，不得任意变动。

（3）同类图线全图粗、细一致，字体工整（工程字）。

（4）树立严肃认真、一丝不苟的工作作风和良好的绘图习惯。

4. 实践提示

（1）鉴别图纸正反面后贴图。

（2）画底图时，用细实线画出图框线及标题栏。

（3）图面布置要均匀，作图要准确。

（4）按图所给尺寸画底图，然后按图线标准描深、抄注尺寸，最后描深图框线并填写标题栏。

（5）标题栏中，图名、校名用 10 号字书写，其余用 5 号字书写，日期用阿拉伯数字书写。

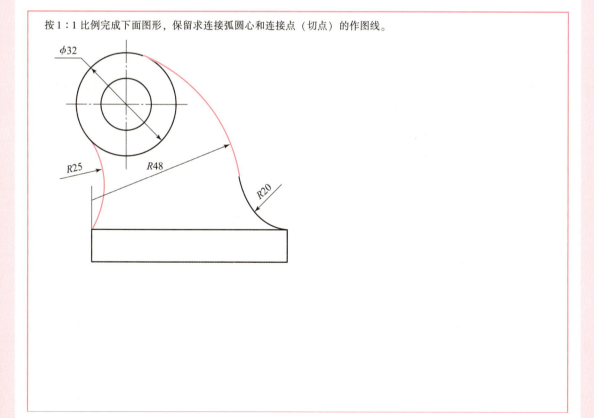

按 1∶1 比例完成下面图形，保留求连接弧圆心和连接点（切点）的作图线。

续表

完成任务区。

 知识链接

知识点1：尺寸分析

1. 定形尺寸

确定平面图形上几何要素大小的尺寸，称为定形尺寸，如圆的大小、直线的长短等。图 1-2-2 中的 $\phi20$、$\phi5$、$R15$、$R12$ 等均为定形尺寸。

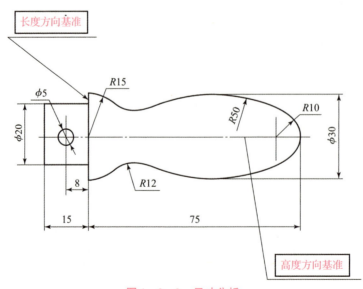

图 1-2-2 尺寸分析

2. 定位尺寸

确定几何要素位置的尺寸，称为定位尺寸，即线段间或图框间相对位置的尺寸，如圆心和直线相对于坐标系的位置等。图1-2-2中的8、75等均为定位尺寸。

标注定位尺寸时，必须与尺寸基准相联系。标注尺寸的起点，有水平和垂直方向两个，通常为对称图形的对称线、较大圆的中心线、较长的直线或重要轮廓线等。

知识点2：线段分析

平面图形中的线段，根据其是否具有完整的定形和定位尺寸，分为已知线段、连接线段、中间线段三类。

1. 已知线段

已知线段是指已知定形尺寸和定位尺寸（两个坐标方向）的线段，即能直接画出的线段。

2. 中间线段

中间线段是指已知定形尺寸和一个坐标方向定位尺寸的线段，即需要依赖附加的一个几何条件才能画出的线段。

3. 连接线段

连接线段是指已知定形尺寸，无定位尺寸的线段，即需要依赖附加的两个几何条件才能画出的线段。

❖ 提示 ❖

两条已知线段之间，可以有任意条中间线段，有且只能有一条连接线段。画图时，应先画已知线段，再画中间线段，最后画连接线段。

线段分析图形如图1-2-3所示。

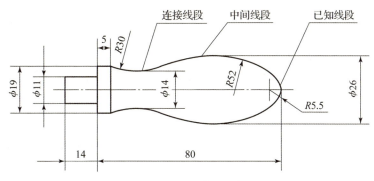

图1-2-3 线段分析

知识点3：圆弧连接

工程图样中的大多数图形是由直线与圆弧、圆弧与圆弧连接而成的。圆弧连接实际上就是用已知半径的圆弧光滑地连接两已知线段（直线或圆弧），其中起连接作用的圆弧称为连接圆弧。此处的连接是指圆弧与直线或圆弧与圆弧的连接处是相切的。因此，在作图时，必须根据连接圆弧的几何性质，准确求出连接圆弧圆心和切点的位置。

> ❖ 提示 ❖
> 作图的关键是求出连接圆弧的圆心和切点。

1. 用圆弧连接已知直线

设已知连接圆弧的半径为 R，则用该圆弧将直线 L_1 及 L_2 光滑连接，其作图方法如下。

（1）作直线Ⅰ和Ⅱ分别与 L_1 和 L_2 平行，且距离为 R，直线Ⅰ和Ⅱ的交点 O 即为连接圆弧的圆心。

（2）过圆心 O 分别作 L_1 和 L_2 的垂线，其垂足 a 和 b 即为连接点（切点）。

（3）以 O 为圆心、R 为半径画圆弧 $\overset{\frown}{ab}$，如图 1-2-4（a）所示。

当两已知直线垂直时，其作图方法更为简便，如图 1-2-4（b）所示。

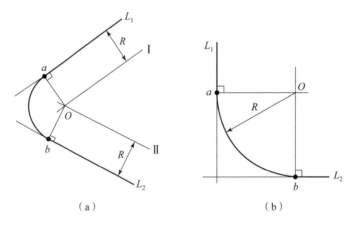

图 1-2-4 用圆弧连接已知直线

2. 用圆弧外切连接已知圆弧

连接圆弧同时与两已知圆弧相外切。两圆弧外切时，其切点必位于两圆弧的连心线上，且落在两圆心之间。因此，用半径为 R 的连接圆弧连接半径为 R_1 和 R_2 的两已知圆弧，其作图步骤如下。

（1）分别以 O_1 和 O_2 为圆心，$R+R_1$ 和 $R+R_2$ 为半径作弧相交于 O，交点 O 即为连接圆弧的圆心。

（2）连接 O_1O 与 O_2O 分别与已知圆弧相交得连接点 a 和 b。

（3）以 O 为圆心、R 为半径作弧 $\overset{\frown}{ab}$ 即为所求，如图 1-2-5 所示。

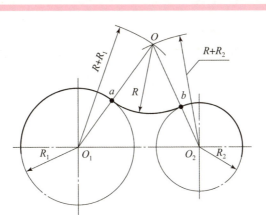

图 1-2-5 用圆弧外切连接已知圆弧

3. 用圆弧内切连接已知圆弧

连接圆弧的同时与两已知圆弧相内切。其作图原理与外连接相同，只是由于两圆弧内切时，其切点应落在两圆弧连心线的延长线上（两圆弧的圆心位于切点的同侧），故在求连接圆弧的圆心时，所用的半径应为连接弧与已知弧的半径差，即 $R-R_1$ 和 $R-R_2$，作图方法如图 1-2-6 所示。

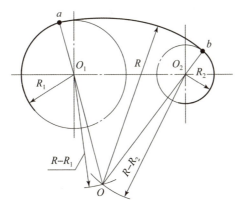

图 1-2-6 用圆弧内切连接已知圆弧

4. 混合连接

当连接圆弧的一端与一已知圆弧外连接，另一端与另一已知圆弧内连接时，称为混合连接，其作图方法如图 1-2-7 所示。

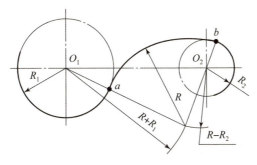

图 1-2-7 混合连接

5. 用圆弧连接一已知直线和一已知圆弧

连接圆弧的一端与已知直线相切而另一端与已知圆弧外连接（内连接），可综合利用圆弧与直线相切以及圆弧与圆弧外连接（内连接）的作图原理，其作图方法如图1－2－8所示。

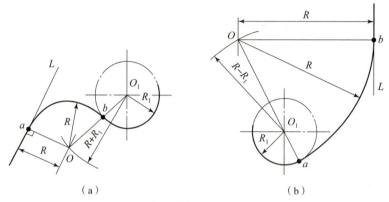

图1－2－8　用圆弧连接一已知直线和一已知圆弧

知识点4：平面图形的作图步骤

平面图形的作图步骤见表1－2－1。

表1－2－1　平面图形的作图步骤

1. 定出图形的基准线，画已知线段	2. 画中间线段 $R52$，分别与相距 26 的两根平行线相切
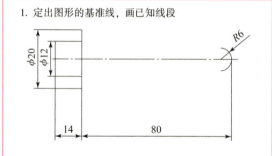	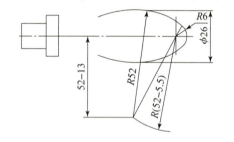
3. 画连接线段 $R30$，分别与相距14的两根平行线相切，与 $R52$ 圆弧外切	4. 擦去多余的作图线，按线型要求加深图形，完成全图
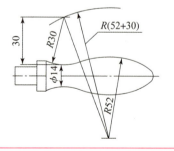	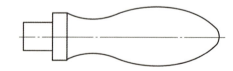

知识点5：平面图形的尺寸标注

平面图形标注尺寸基本要求：正确、齐全、清晰。

通常先标注定形尺寸，再标注定位尺寸。在作图过程中没有用到的尺寸是重复尺寸，要删除；如果按所注尺寸无法完成作图，则说明尺寸不齐全，应补注所需尺寸。如图1-2-9所示。

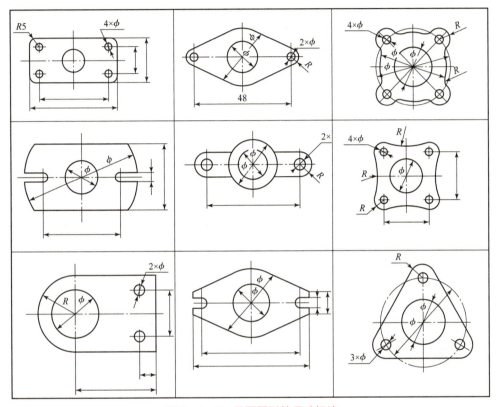

图1-2-9 平面图形的尺寸标注

标注尺寸时应注意布局清晰，其方法及步骤见表1-2-2。

表1-2-2 标注尺寸的步骤

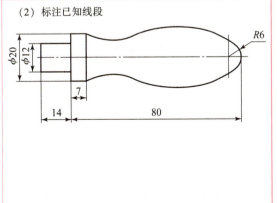

（1）先在水平及竖直方向选定尺寸基准，进行线段分析

（2）标注已知线段

续表

(3) 标注中间线段	(4) 标注连接线段
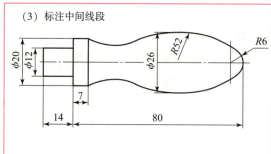	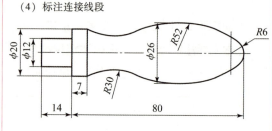

知识点6：正五边形画法

正五边形的作图步骤见表1-2-3。

表1-2-3 正五边形的作图步骤

(1) 作半径 OB 的中点 K	(2) 以 K 点为圆心、KA 为半径画圆弧，交水平直径于 C 点，AC 即为五边形的边长
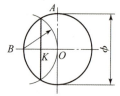	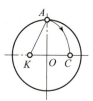
(3) 以 AC 为边长，将圆周五等分，依次连接即得圆内接正五边形	

知识点7：正六边形画法

用圆规的作图方法作圆内接正六边形，见表1-2-4。

正六边形绘制

表1-2-4　圆内接正六边形的作图步骤

(1) 画半径为 R 的圆	(2) 以 D 为圆心，以 R 为半径画弧，交已知圆于1、2 点
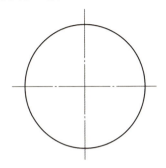	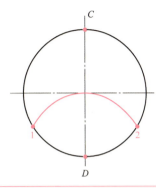
(3) 以 C 为圆心，以 R 为半径画弧，交已知圆于3、4 点	(4) 擦去作图线，连接1、D、2、4、C、3、1 点，即得圆内接正六边形
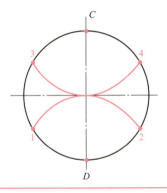	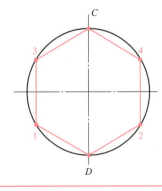

知识点7：椭圆画法

用四心圆法绘制椭圆，见表1-2-5。

椭圆画法

表1-2-5　用圆心法绘制椭圆

(1) 已知相互垂直且平分的长轴 AB 和短轴 CE	(2) 连接 AC，以 O 为圆心、OA 为半径画弧得 E 点，再以 C 为圆心、CE 为半径画弧得 F 点
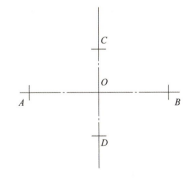	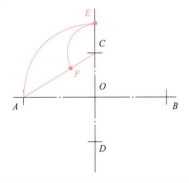

续表

（3）作 *AF* 的垂直平分线，与 *AB* 交于点 1，与 *CD* 交于点 2 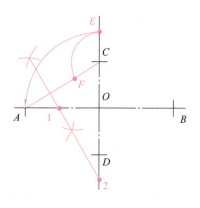	（4）取 1、2 两点的对称点 3 和 4 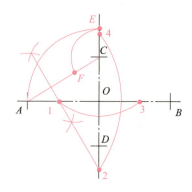
（5）连接 23 点、34 点、41 点并延长，得到一菱形 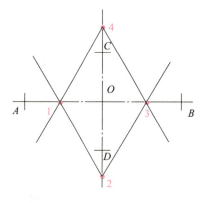	（6）分别以 2、4 点为圆心，以 $R=2C=4D$ 为半径画弧 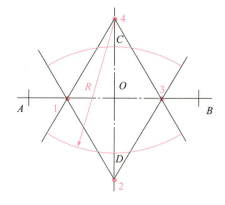
（7）分别以 1、3 点为圆心，以 $r=1A=3B$ 为半径画弧 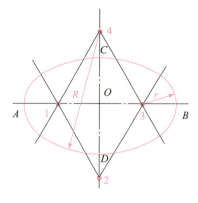	（8）擦去作图线，加深描粗，即得到椭圆 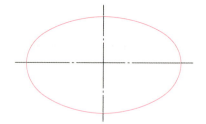

测 试

课堂小测
班级：   姓名：
填空题
1. 定形尺寸是确定平面图形中线段的_____。 2. 定位尺寸是确定圆心、线段等在平面图形中所处_____的尺寸，即线段或图框间_____的尺寸。 3. 已知线段有_____，中间线段有_____，连接线段有_____。 4. 画图时，应先画_____线段，再画_____线段，最后画_____线段。 5. 基准是标准尺寸的_____。
仔细阅读分析，叙述符号含义 1. $\phi30$：_____ 2. $4×\phi10$：_____ 3. $R26$：_____

项目实施

请同学们自查是否实现本项目目标，并准备好绘图工具，按 1∶1 的比例在 A4 图纸上完成习题任务。

注意事项：

（1）绘制图形时，留足标注尺寸的位置，使图形布置均匀。

（2）画底稿时，连接弧的圆心及切点要准确。

（3）加深时按先粗后细，先曲后直，先水平后垂直、倾斜的顺序绘制，尽量做到同类图线规格一致、连接光滑。

（4）尺寸标注应符合规定，不要遗漏尺寸和箭头。

（5）注意保持图面整洁。

易错示例：

（1）尺寸数字不能被任何图线所通过，否则应将该图线断开，如图 1-2-10 所示。

（2）对孔 $4-\phi8$ 没有第二个视图表示其深度，也不标注尺寸，此时按通孔处理，不必注明（通孔或通），如图 1-2-11 所示。

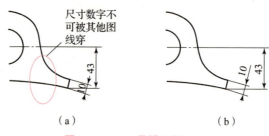

图 1-2-10 易错示例（一）

(a) 错误标记；(b) 正确标记

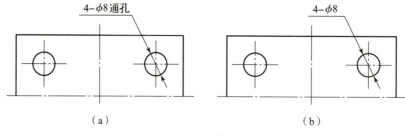

图 1-2-11 易错示例（二）

(a) 错误标记；(b) 正确标记

小栏目

"在平凡中非凡，在尽头处超越"，请同学们扫描任务单中二维码观看视频，回答下面问题：

(1) 匠心指的是什么？

(2) 只有高学历才能成就大国工匠吗？

项目2　绘制并识读支撑座三视图

项目导读

通过任务2-1、任务2-2以及任务2-3的学习，学生能正确绘制三视图，并能规范标注三视图尺寸。逐步养成质量意识、规范意识、团队意识，培养学生自主学习的能力，提高分析和解决问题的能力，使工匠精神贯穿始终。

任务2-1　绘制V形体三视图

任务单

任务载体	在轴类检验、校正、划线以及检验工件垂直度、平行度时，常常会用到下图的V形块。该零件常用于精密轴类零件的检测、划线及机械加工中的装夹。下图所示为单口V形块，请完成该图形的绘制及尺寸标注 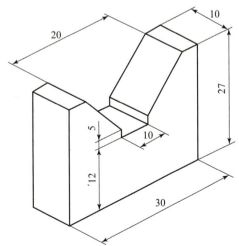

续表

			细节决定成败；树立严肃认真、一丝不苟的工作作风和良好的绘图习惯；每天进行整理，营造整齐的绘图环境
职业能力	绘制三视图	对应知识点：1、2、3、4、5、6	
	标注三视图尺寸	对应知识点：7	
计划学时	6 学时		
学习要求	按照给定的零件图，依据机械制图国家标准规定，正确抄画零件图		

小 贴 士

工欲善其事，必先利其器，请同学们准备好铅笔、圆规、直尺、三角板、壁纸刀、橡皮等绘图工具。

 任务分析

任务 2 – 1 – 1 读零件图

子任务 1 请同学们仔细观察图 2 – 1 – 1，完成下列问题。

本任务所绘制零件名称：
V 形铁由几个平面构成：
V 形铁的总长是_____mm，总高是_____mm，总宽是_____mm。

微评：改正错误，夯实基础。

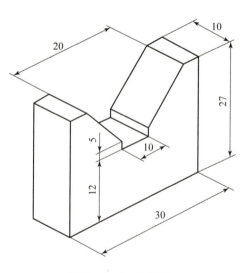

图 2 – 1 – 1 V 形铁

任务 2-1-2 画零件图

子任务 1 请同学们仔细想一想,在图 2-1-1 中,需要几个视图才能表达清楚 V 形铁的结构形状。

投影法

本任务图名是:

本任务需要几个视图能表达清楚,阐述理由:

子任务 2 请同学们仔细想一想,如何确定图 2-1-1 中零件的主视图方向?

微评:改正错误,夯实基础。

子任务 3 请同学们认真观察图 2-1-1 中零件,用 A4 图纸绘制,采用什么比例合适。

微评:改正错误,夯实基础。

任务实施

准备好绘图工具,在 A4 图纸上绘制 V 形铁零件三视图,比例 1∶1。

提示:

(1) 鉴别图纸正反面后贴图。

(2) 画底图时,用细实线画出图框线及标题栏。

(3) 图面布置要均匀,作图要准确。

(4) 按图所给尺寸画底图,然后按图线标准描深、抄注尺寸,最后描深图框线并填写标题栏。

(5) 标题栏中,图名、校名用 10 号字书写,其余用 5 号字书写,日期用阿拉伯数字书写。

任务评价

填写工作任务评价单。

工作任务评价单

班级		姓名		学号		成绩	
组别		任务名称				参考学时	
序号	评价内容			分数	自评分	互评分	组长或教师评分
1	课前准备（课前预习情况）： 5 道预习检测题，对 1 道题得 1 分			5			
2	知识链接（完成情况）： 课堂小测成绩×10%			10			
3	任务计划与决策： 讨论决策中起主导作用 17~20 分，积极参与讨论 10~17 分，认真思考、听取讨论 10 分；积极为他人解疑，帮助同学 5 分			25			
4	任务实施（图线、表达方案、图线布局等）： 图框、标题栏 1~5 分，布局 1~5 分，正确绘制 1~5 分，线型均匀正确 1~5 分			25			
5	绘图质量： 正确绘制 10 分，图面整洁度 1~10 分，粗、细线条清晰度 1~5 分，尺寸标注 1~5 分			30			
6	遵守课堂纪律： 出勤 1 分，按要求完成 2 分，帮助同学并清理打扫教室卫生 2 分			5			
	总分			100			
综合评价（自评分×20% + 互评分×40% + 组长或教师评分×40%）							
组长签字：					教师签字：		
学习体会							

强化技能

1. 实践名称
绘制平面体三视图。

2. 实践目的
（1）正确绘制零件三视图。

（2）初步掌握绘图仪器及工具的正确使用。

（3）贯彻机械制图国家标准规定。

3. 实践要求
（1）在表中完成平面体三视图的绘制，尺寸直接在图中测量，绘图比例 1∶1，标注尺寸。

（2）遵守国家标准中图幅、比例、图线、字体、尺寸标注的有关规定，不得任意变动。

（3）同类图线全图粗细一致、字体工整。

（4）树立严肃认真、一丝不苟的工作作风和良好的绘图习惯。

4. 实践提示
（1）鉴别图纸正反面后贴图。

（2）画底图时，用细实线画出图框线及标题栏。

（3）图面布置要均匀，作图要准确。

（4）按图所给尺寸画底图，然后按图线标准描深、抄注尺寸，最后描深图框线并填写标题栏。

（5）标题栏中，图名、校名用 10 号字书写，其余用 5 号字书写，日期用阿拉伯数字书写。

根据给出的轴测图，绘制三视图。

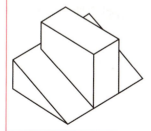

绘图完成区。

知识链接

知识点1：正投影

（1）平行投影法：所有的投射线相互平行，这种投影法称为平行投影法。

在平行投影法中，因为投射线是互相平行的，若仅改变形体离开投影面的距离，则所得投影的形状和大小不变。

（2）正投影法是指投射线与投影面相垂直的投影法，如图2-1-2所示。

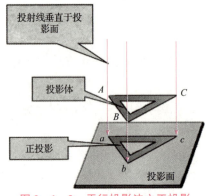

图2-1-2 平行投影法之正投影

> ❀ 提示 ❀
> 为了叙述方便，以后将正投影简称为投影。

知识点2：正投影特性

当空间直线或平面平行于投影面时，其投影反映直线的实长或平面的实形，这种投影性质称为真实性，如图2-1-3所示。

当直线或平面垂直于投影面时，其投影积聚为一点或一条直线，这种投影性质称为积聚性，如图2-1-4所示。

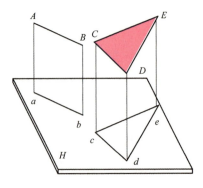 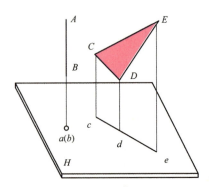

图2-1-3 正投影之真实性　　图2-1-4 正投影之积聚性

当空间直线或平面倾斜于投影面时，其投影仍为直线或与之类似的平面图形，其投影的长度变短或面积变小，这种投影性质称为类似性，如图2-1-5所示。

知识点3：三视图之间的位置关系

用正投影的方法在投影面上得到的物体的投影，叫作视图。

将物体放于三投影面体系内［见图2-1-6 (a)］，按正投影法分别向三个投影面投射，为了使所得到的三个投影处于同一平面上，保持V面不动，将H面绕OX轴向下旋转90°、W面绕OZ轴向右旋转90°，与V面处于同一平面上，如图2-1-6 (b) 所示。这样，便得到物体的三个视图。V面上的视图称为主视图，H面上的视图称为俯视图，W面上的视图称为左视图，如图2-1-6 (c) 所示。由于视图的形状和物体与投影面之间的距离无关，因此工程图样上通常不画投影轴和投影面的边框，如图2-1-6 (d) 所示。

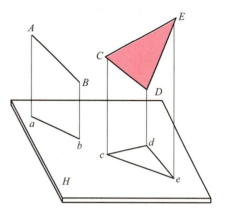

图2-1-5 正投影之类似性

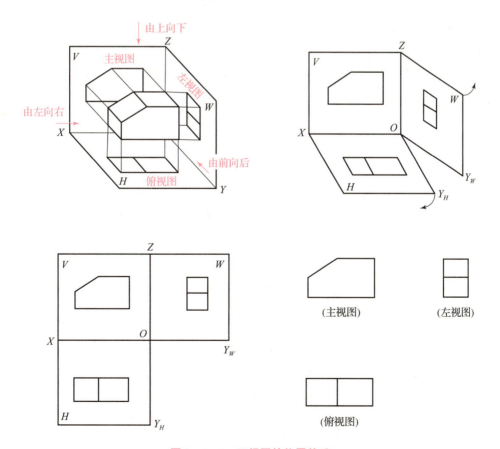

图2-1-6 三视图的位置关系

三视图以主视图为主,俯视图在主视图的正下方,左视图在主视图的正右方。

画三视图时必须以主视图为主按上述关系排列三个视图的位置,即按投影关系配置视图。这个位置关系是不能变动的,并且视图之间要互相对齐、对正,不能错开,更不能倒置。

> ❈ 提示 ❈
> 画三视图时必须按上述关系放置!

OX 轴:代表左右(长度方向);OY 轴:代表前后(宽度方向);OZ 轴:代表上下(高度方向)。

知识点4:三视图尺寸关系(投影关系)

一个视图只能反映物体两个方向的尺寸,如图2-1-7所示,主视图和俯视图都反映物体的长,主视图和左视图都反映物体的高,俯视图和左视图都反映物体的宽。由此可得出物体三视图的投影规律:主、俯视图长对正,主、左视图高平齐,俯、左视图宽相等。

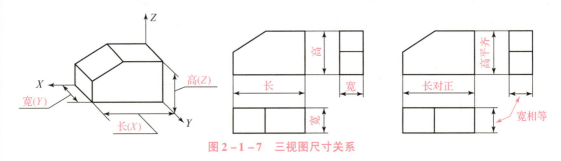

图2-1-7 三视图尺寸关系

知识点5:三视图方位关系

物体有上、下、前、后、左、右六个方位,如图2-1-8所示,主视图能反映物体的上下和左右关系,左视图能反映物体的上下和前后关系,俯视图能反映物体的左右和前后关系。

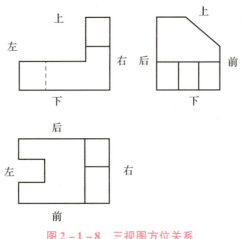

图2-1-8 三视图方位关系

◈ 提示 ◈

在左、俯视图中，远离主视图的一侧是物体的前面，靠近主视图的一侧是物体的后面。

知识点6：三视图作图方法及步骤

步骤1　确定主视图的投影方向。

步骤2　定出各视图之间的位置。

步骤3　从主视图入手，根据"三等"规律同时绘制三个视图，特别要注意"宽相等"的画法。

步骤4　画图时要遵照国家标准中图线画法的规定。

◈ 提示 ◈

"长对正、高平齐、宽相等"是三视图的重要特性，也是画图和读图必须遵循的最基本的投影规律。

知识点7：三视图尺寸标注

平面立体尺寸标注如图2-1-9所示。

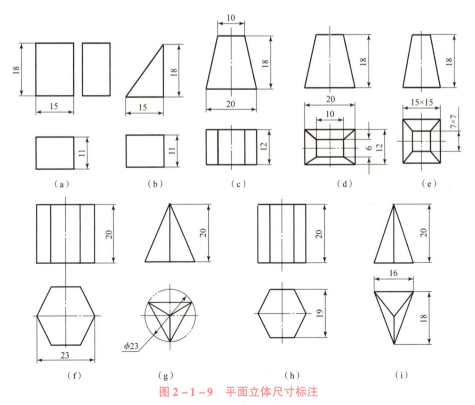

图2-1-9　平面立体尺寸标注

测 试

课堂小测
班级：　　　　　　　　　　姓名：
填空题
1. 要获得投影，必须具备＿＿＿＿、＿＿＿＿和＿＿＿＿三个基本条件。
2. 正投影有＿＿＿＿、＿＿＿＿、＿＿＿＿的三大特性。
3. 当直线或平面与投影面平行时，直线的投影反映＿＿＿＿，平面的投影反映＿＿＿＿。 4. 当直线或平面与投影面垂直时，直线的投影积聚＿＿＿＿，平面的投影积聚＿＿＿＿。
5. 当直线或平面与投影面倾斜时，直线的投影长度＿＿＿＿，平面的投影面积＿＿＿＿。
6. 主视图是从＿＿＿＿向＿＿＿＿投影，在＿＿＿＿面得到的视图。
7. 俯视图是从＿＿＿＿向＿＿＿＿投影，在＿＿＿＿面得到的视图。
8. 左视图是从＿＿＿＿向＿＿＿＿投影，在＿＿＿＿面得到的视图。
9. 主、俯视图＿＿＿＿＿＿＿＿。
10. 主、左视图＿＿＿＿＿＿＿＿。
11. 俯、左视图＿＿＿＿＿＿＿＿。

小 栏 目

"技艺吹影镂尘，组装妙至毫巅"，请同学们扫描任务单中二维码观看视频，回答下面问题：

（1）视频中的大国工匠是哪位？

（2）谈谈观看的感想。

任务 2-2　绘制六棱柱三视图

任务载体	六边形软木锅垫、六边形置物架、六边形托盘、六边形地砖等，日常生活中的六边形物品很多。自然界中，苯与石墨的分子结构、龟壳、蜂巢等都呈现正六边形形状，可见该图形结构的重要性。图为正六棱柱，请完成该图形的绘制及尺寸标注 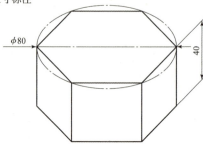

续表

职业能力	识读平面立体	对应知识点：1、2、3、4	困难像弹簧，你弱它就强，你强它就弱
	绘制正六边形	对应知识点：1	
	绘制、补全简单平面体三视图	对应知识点：1、2、3、4、5	
	求作立体表面点的投影	对应知识点：2	
计划学时	8学时		
学习要求	按照给定三维立体图形，依据机械制图国家标准规定，正确绘制正六棱柱三视图		

小贴士

<u>工欲善其事，必先利其器</u>，请同学们准备好铅笔、圆规、直尺、三角板、壁纸刀、橡皮等绘图工具。

任务分析

任务2-2-1 识读图2-2-1

子任务1 请同学们仔细观察图，想一想正六棱柱由几个面组成？

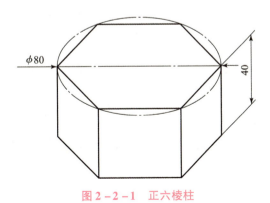

图2-2-1 正六棱柱

微评：改正错误，夯实基础。

子任务2 请同学们仔细想一想，正六棱柱上、下面表面是什么形状？

机械制图

微评：改正错误，夯实基础。

子任务3　请同学们仔细思考，正六棱柱上下表面与投影面的位置关系。

微评：改正错误，夯实基础。

子任务4　请同学们仔细想一想，正六棱柱左右侧面与投影面的位置关系。

微评：改正错误，夯实基础。

子任务5　请同学们仔细想一想，正六棱柱前后4个侧面与投影面的位置关系。

微评：改正错误，夯实基础。

任务2–2–2　绘制正六棱柱

子任务1　请同学们仔细想一想，正六棱柱上下表面的投影特点。

微评：改正错误，夯实基础。

子任务2　请同学们仔细想一想，正六棱柱左右侧面的投影特点。

微评：改正错误，夯实基础。

子任务3　请同学们仔细想一想，正六棱柱前后4个侧面的投影特点。

微评：改正错误，夯实基础。

任务实施

在 A4 图纸上绘制正六棱柱三视图。

 任务评价

填写工作任务评价单。

工作任务评价单

班级		姓名		学号		成绩	
组别		任务名称			参考学时		
序号	评价内容			分数	自评分	互评分	组长或教师评分
1	课前准备（课前预习情况）： 5 道预习检测题，对 1 道题得 1 分			5			
2	知识链接（完成情况）： 课堂小测成绩×10%			10			
3	任务计划与决策： 讨论决策中起主导作用 17～20 分，积极参与讨论 10～17 分，认真思考、听取讨论 10 分，积极为他人解疑、帮助同学 5 分			25			
4	任务实施（图线、表达方案、图线布局等）： 图框、标题栏 1～5 分，布局 1～5 分，正确绘制 1～5 分，线型均匀正确 1～5 分			25			
5	绘图质量： 正确绘制 10 分，图面整洁度 1～10 分，粗、细线条清晰度 1～5 分，尺寸标注 1～5 分			30			
6	遵守课堂纪律： 出勤 1 分，按要求完成 2 分，帮助同学并清理打扫教室卫生 2 分			5			
	总分			100			
综合评价（自评分×20% + 互评分×40% + 组长或教师评分×40%）							
组长签字：					教师签字：		
学习体会							

强化技能

1. 实践名称

绘制立体三视图。

2. 实践目的

(1) 熟悉点、线、面投影特性。

(2) 掌握棱柱、切割体三视图画法。

(3) 增加对实践课的感性认识。

3. 实践要求

(1) 绘制四棱柱切割体三视图，绘图比例1∶1。

(2) 遵守国家标准中图幅、比例、图线、字体、尺寸标注的有关规定，不得任意变动。

(3) 同类图线全图粗细一致、字体工整（工程字）。

(4) 树立严肃认真、一丝不苟的工作作风和良好的绘图习惯。

4. 实践提示

(1) 鉴别图纸正反面后贴图。

(2) 画底图时，用细实线画出图框线及标题栏。

(3) 图面布置要均匀，作图要准确。

1. 绘制立体三视图。

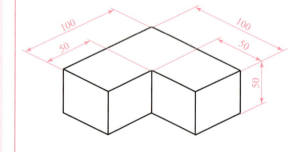

绘图完成区。

续表

2. 分析正三棱锥中各棱线与投影面的相对位置。

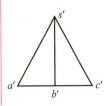
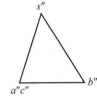

棱线 SA 是 _____ 线；
棱线 SB 是 _____ 线；
棱线 SC 是 _____ 线。

知识链接

点的投影

知识点1：点的投影规律

点的投影仍为一点，且空间点在一个投影面上有唯一的投影。

（1）点的两面投影连线，必定垂直于相应的投影轴。

（2）点的投影到投影轴的距离，等于空间点到相应投影面的距离。

> ❖ **提示** ❖
>
> 空间点及其投影的标记规定：空间点用大写拉丁字母表示，如 A、B、C；H 面上的投影称为水平投影，用相应的小写字母表示，如 a、b、c；V 面上的投影称为正面投影，用相应的小写字母加一撇表示，如 a'、b'、c'；W 面上的投影称为侧面投影，用相应的小写字母加两撇表示，如 a''、b''、c''。

图 2-2-2 所示为点的三面投影。

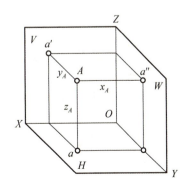
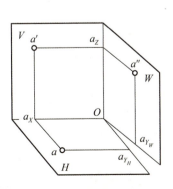
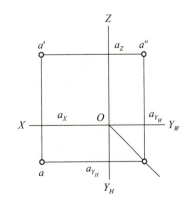

图 2-2-2 点的三面投影

点的任意一投影都包含了点的两个坐标,因此一个点的两面投影就包含了点的三个坐标,即确定了点的空间位置。如点 A 的三面投影坐标分别为 $a(x,y)$、$a'(x,z)$、$a''(y,z)$。

知识点2：直线投影规律

直线的空间位置由直线上的任意两点决定。画直线的投影图时,根据直线的投影一般仍为直线的性质,可在直线上任取两点(通常取直线段两端点),画出其投影图后,再连接这两点的同面投影,即成直线的三面投影图,如图2-2-3所示。

直线投影

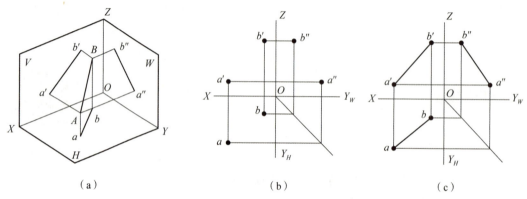

图 2-2-3 直线的三面投影

直线平行于投影面时,其投影仍为直线,且投影长度等于实长,表现出真实性；直线倾斜于投影面时,其投影仍为直线,且投影长度小于实长,表现出类似性；直线垂直于投影面时,其投影积聚为一点,表现出积聚性。

知识点3：平面投影规律

(1) 投影面平行面的投影特性。平面平行投影面,投影就把实形现(真实性)；平面垂直投影面,投影积聚成直线(积聚性)；平面倾斜投影面,投影类似原平面(类似性)。平面图形的三面投影如图2-2-4所示。

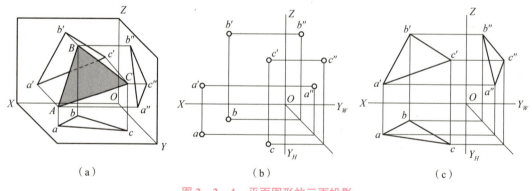

图 2-2-4 平面图形的三面投影

（2）投影面平行面——平行于一个投影面，垂直于另外两个投影面的平面，见表2-2-1；投影面垂直面——垂直于一个投影面，倾斜于另外两个投影面的平面，见表2-2-2；一般位置平面——与三个投影面都倾斜的平面，如图2-2-5所示。

表2-2-1 投影面平行面的三面投影

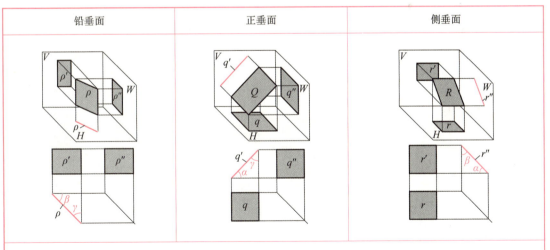

水平面	正平面	侧平面

投影特性：
（1）在与平面平行的投影面上，该平面的投影反映实形；
（2）其余两个投影为水平线段或铅垂线段，都具有积聚性

表2-2-2 投影面垂直面的三面投影

铅垂面	正垂面	侧垂面

投影特性：
（1）在与平面垂直的投影面上，该平面的投影为一倾斜线段，且反映与另两投影面的倾角；
（2）其余两个投影都是缩小的类似形

一般位置平面是与三个投影面都倾斜的平面，因此它的三个投影都是原平面图形的类似形，而且面积比实形小。

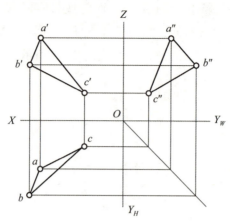

平面投影

垂直面投影

图 2-2-5　一般位置平面的三面投影

知识点4：物体三视图的作图方法与步骤

首先，选择反映物体形状特征最明显的方向作为主视图的投射方向。将物体在三面投影体系中放正，应使物体的主要表面尽可能与投影面平行。然后，保持物体不动，按正投影法分别向各投影面投射。画三视图时，应先画反映物体形状特征明显的视图，然后再按投影规律画出其他视图。

测　试

课堂小测
班级：　　　　　　　　　　　　姓名：
画图题
参照轴测图，补全视图中所缺图线。

任务2-3 绘制圆柱体的三视图

任务载体	圆柱体由两个底面和一个侧面组成，底面为两个直径相等的圆形，侧面为曲面。对圆柱体进行投影时，要将其轴线处于与某一投影面垂直的位置，完成组成它的各面的投影，即可得到圆柱体的三视图 		
职业能力	识读并分析圆柱体	对应知识点：1、4、5、6、7	细节决定成败：树立严肃认真、一丝不苟的工作作风和良好的绘图习惯；每天进行整理，营造整齐的绘图环境
	绘制圆柱体三视图	对应知识点：3	
	标注尺寸	对应知识点：2	
计划学时	2 学时		
学习要求	按照给定的立体图，依据机械制图国家标准规定，正确绘制圆柱体三视图		

小贴士

工欲善其事，必先利其器，请同学们准备好铅笔、圆规、直尺、三角板、壁纸刀、橡皮等绘图工具。

 任务分析

任务1　读零件图

子任务1-1　请同学们仔细观察图2-3-1，完成下列问题。

本任务所绘制零件名称：	
圆柱体由几个平面构成：	
圆柱体上下表面的直径是____mm，标注尺寸时直径符号是____ 总高是____mm。	

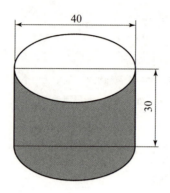

图2–3–1 圆柱体

微评：改正错误，夯实基础。

任务2　画零件图

子任务2–1　请同学们仔细想一想，在图2–3–1中，需要几个视图能表达清楚圆柱体的结构形状。

本任务的图名是：
本任务需要几个视图能表达清楚，阐述理由：

微评：改正错误，夯实基础。

子任务2–2　请同学们仔细想一想，如何确定图2–1–1中零件的主视图方向。

微评：改正错误，夯实基础。

子任务2–3　请同学们认真观察图2–3–1中零件，用A4图纸绘制，采用什么比例合适。

微评：改正错误，夯实基础。

任务实施

准备好绘图工具，在A4图纸上绘制V形铁零件三视图，比例1∶1。

提示:

(1) 鉴别图纸正反面后贴图。

(2) 画底图时,用细实线画出图框线及标题栏。

(3) 图面布置要均匀,作图要准确。

(4) 按所给尺寸画底图,然后按图线标准描深、抄注尺寸,最后描深图框线并填写标题栏。

(5) 标题栏中,图名、校名用10号字书写,其余用5号字书写,日期用阿拉伯数字书写。

任务评价

填写工作任务评价单。

工作任务评价单

班级		姓名		学号		成绩	
组别		任务名称		参考学时			
序号	评价内容		分数	自评分	互评分	组长或教师评分	
1	课前准备(课前预习情况): 5道预习检测题,对1道题得1分		5				
2	知识链接(完成情况): 课堂小测成绩×10%		10				
3	任务计划与决策 讨论决策中起主导作用17~20分,积极参与讨论10~17分,认真思考、听取讨论10分,积极为他人解疑、帮助同学5分		25				
4	任务实施(图线、表达方案、图线布局等): 图框、标题栏1~5分,布局1~5分,正确绘制1~5分,线型均匀正确1~5分		25				
5	绘图质量: 正确绘制10分,图面整洁度1~10分,粗细线条清晰度1~5分,尺寸标注1~5分		30				

续表

序号	评价内容	分数	自评分	互评分	组长或教师评分
6	遵守课堂纪律： 出勤1分，按要求完成2分，帮助同学并清理打扫教室卫生2分	5			
	总分	100			
综合评价（自评分×20% + 互评分×40% + 组长或教师评分×40%）					
组长签字：				教师签字：	
学习体会					

强化技能

1. 实践名称

圆锥三视图。

2. 实践目的

（1）正确绘制零件三视图。

（2）初步掌握绘图仪器及工具的正确使用。

（3）贯彻机械制图国家标准规定。

3. 实践要求

（1）完成平面体三视图的绘制，尺寸图中测量，绘图比例1∶1，标注尺寸。

（2）遵守国家标准中图幅、比例、图线、字体、尺寸标注的有关规定，不得任意变动。

（3）同类图线全图粗细一致、字体工整。

（4）树立严肃认真、一丝不苟的工作作风和良好的绘图习惯。

4. 实践提示

（1）鉴别图纸正反面后贴图。

（2）画底图时，用细实线画出图框线及标题栏。

（3）图面布置要均匀，作图要准确。

（4）按图所给尺寸画底图，然后按图线标准描深、抄注尺寸，最后描深图框线和填写标题栏。

项目2 绘制并识读支撑座三视图

（5）标题栏中，图名、校名用 10 号字书写，其余用 5 号字书写，日期用阿拉伯数字书写。

绘制圆锥体三视图。

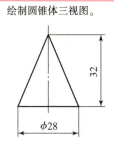

绘图完成区。

 知识链接

知识点1：圆柱的形成

圆柱面是由直线 AA_1 绕与它平行的轴线 OO_1 旋转而成，如图 2-3-2 所示，OO_1 称为回转轴，直线 AA_1 称为母线，母线转至任意位置时称为素线。由于原圆柱面是由直母线绕与其平行的轴线旋转而成的，所以圆柱面的素线相互平行。

图 2-3-2 圆柱的形成

知识点2：曲面立体的尺寸标注

曲面立体的尺寸标注见表 2-3-1。

表 2-3-1 曲面立体的尺寸标注

名称	图示	名称	图示
圆柱体	$\phi 30$，32	圆环	$\phi 30$，$\phi 10$

59

续表

名称	图示	名称	图示
圆锥体	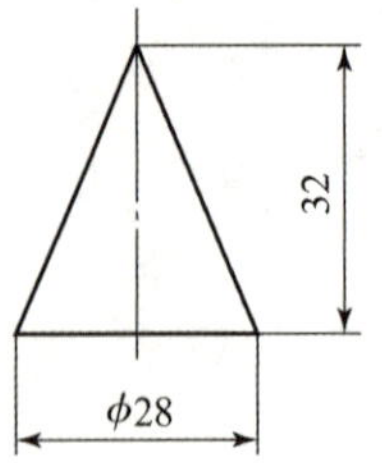 $\phi 28$，高 32	圆球	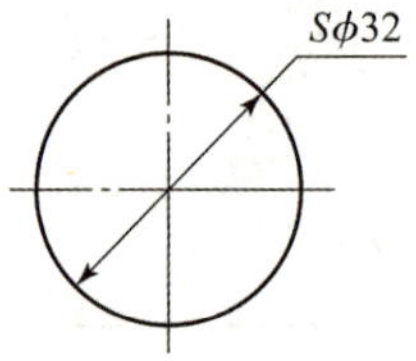 $S\phi 32$
圆台	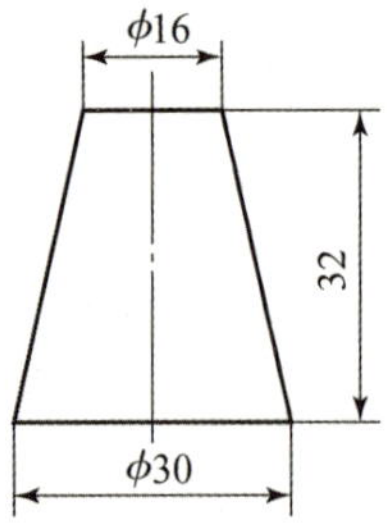 $\phi 16$（上），$\phi 30$（下），高 32	半圆球	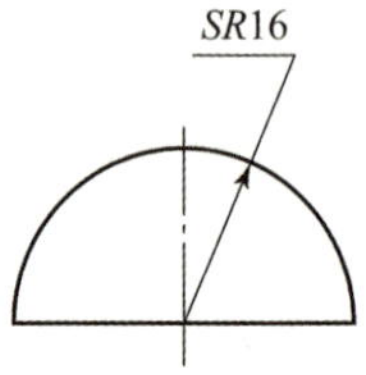 $SR16$

知识点3. 圆柱体三视图绘制过程

圆柱体三视图的绘制过程见表 2-3-2。

表 2-3-2 圆柱体三视图的绘制过程

具体步骤	图示
1. 绘制中心线、回转轴线	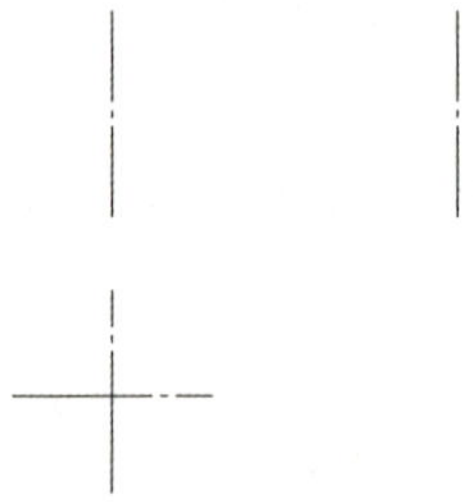
2. 绘制上、下圆柱面的水平投影	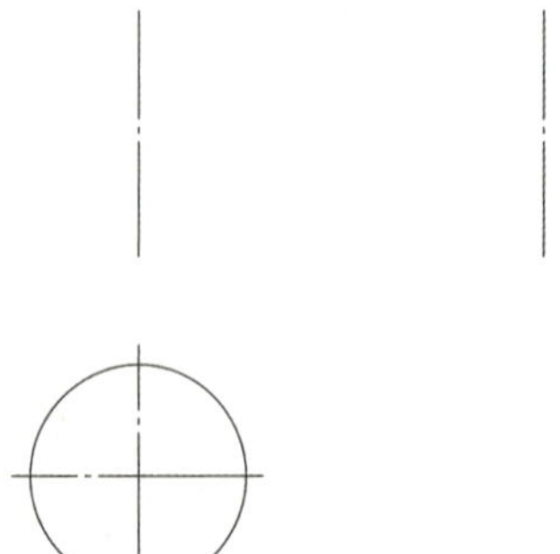

续表

具体步骤	图示
3. 根据投影关系，绘制出另两面投影	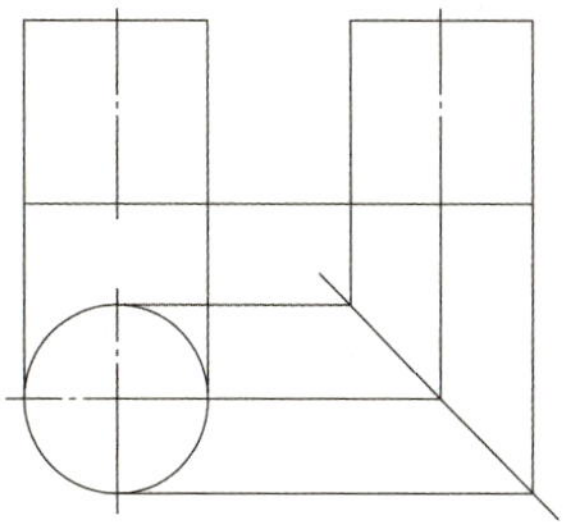
4. 擦去多余线，描深图形，完成圆柱体三视图	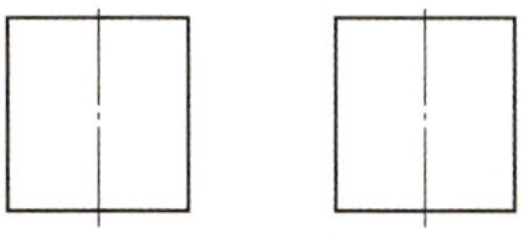

提示：当圆柱体的轴线垂直于某一投影面时，一面视图为圆，另外两面视图为全等的矩形。

知识点4. 圆柱表面取点

如表2-3-3所示，已知圆柱面上点 M 的正面投影 m' 和点 N 的侧面投影 n''，求另两面影。

表2-3-3　圆柱表面取点

步骤	图示
已知圆柱面上点 M 的正面投影 m' 和点 N 的侧面投影 n''，求另两面投影	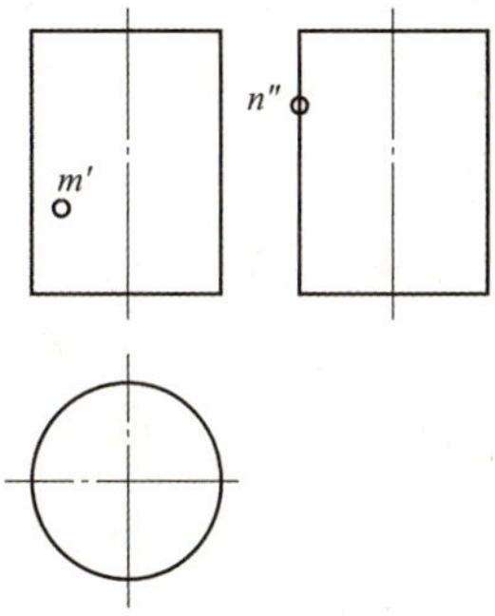
根据给定的 m' 的位置，可判定点 M 在前半圆柱面的左半部分，因圆柱面的水平投影有积聚性，故 m 必在前半圆周的左部，m'' 可根据 m' 和 m 直接求得	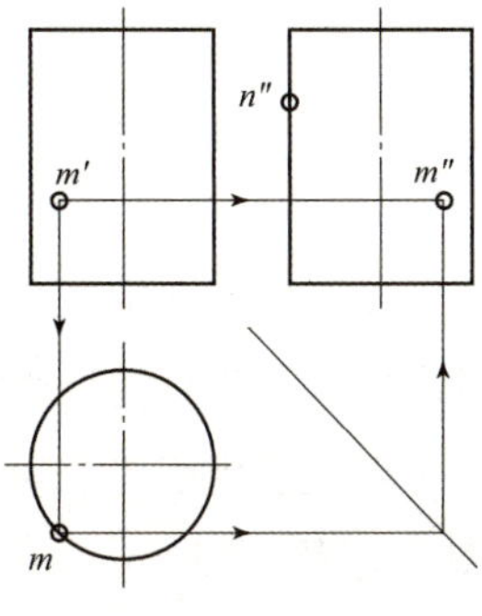

续表

步骤	图示
n'' 在圆柱面的后素线上，其正面投影 n' 在轴线上（不可见），水平投影 n 在圆的最上方	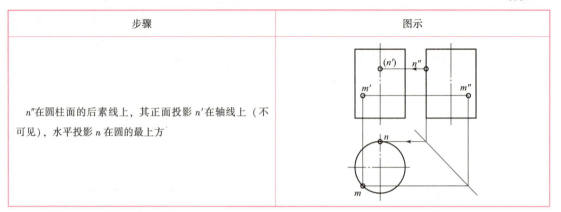

知识点5．圆锥投影

圆锥面的形成：圆锥表面可以看作一条直母线 SA 围绕与它相交的轴线回转而成，如图2-3-3所示。在圆锥面上通过锥顶 S 的任意直线称为圆锥面的素线。因此，圆锥面的所有素线都通过锥顶。在母线上的任一点的运动轨迹为圆。

圆锥的投影：作圆锥面的投影时，也常使它的轴线垂直于某一投影面。如图2-3-4（a）所示圆锥的轴线是铅垂线，底面是水平面；图2-3-4（b）所示为它的投影图，圆锥的水平投影为一个圆，反映底面的实形，同时也表示圆锥面的投影。圆锥的正面、侧面投影均为等腰三角形，其底边均为圆锥底面的积聚投影。正面投影中三角形的两腰 $s'a'$、$s'c'$ 分别表示圆锥面最左、最右轮廓素线 SA、SC 的投影，它们是圆锥面正面投影可见与不可见的分界线。

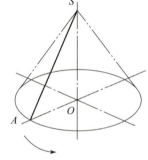

图2-3-3　圆锥形成

作图方法如图2-3-4（b）所示，先作水平投影的中心线、圆锥的正面投影和侧面投影的轴线（细点画线），再作水平投影的圆，最后根据圆锥的高度定出锥顶 S 的投影位置，然后根据投影规律，依次作出正面投影和水平投影。可以看出圆锥投影特征：当圆锥的轴线垂直某一个投影面时，一面视图是圆，另外两面视图为全等的等腰三角形。

提示：当圆锥的轴线垂直某一个投影面时，一面视图是圆，另外两面视图为全等的等腰三角形。

知识点6：圆锥表面取点

轴线垂直于投影面的圆锥，只有圆锥的底面在另外投影面的两个投影具有积聚性，而圆锥面的三个投影均没有积聚性。因此在圆锥上取点，除了处于圆锥面转向轮廓线上的点或处于底面上的点可以直接求出外，其余处于圆锥面上一般位置的点，必须采用辅助线（或辅助圆）法作图，见表2-3-4。

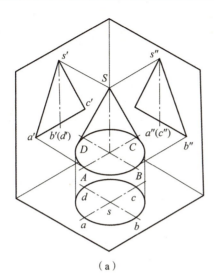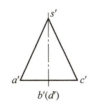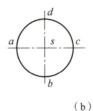

（a） （b）

图 2-3-4　圆锥三视图

表 2-3-4　圆锥表面取点

辅助线法：	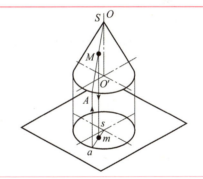
1. 过锥顶 S 和点 M 作辅助素线 SA，即连接 $s'm'$ 并延长，与底面的正面投影相交于 a'，得 sa 和 $s'a'$。 2. 根据点在直线上的投影规律，由 m' 直接作出 m，再根据 m' 和 m 求出 m''	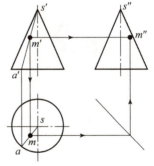
辅助圆法： 过点 M 在圆锥面作垂直于圆锥轴线的水平辅助圆，该圆的正面投影积聚成一直线，即过 m' 所作的 $a'b'$。它的水平投影为一直径等于 $a'b'$ 的圆，圆心为 s。 2. 由 m' 作 OX 轴的垂线，与辅助圆的交点取前面的点即为 m，再根据 m' 和 m 求出 m'' 不可见	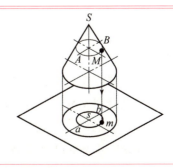

续表

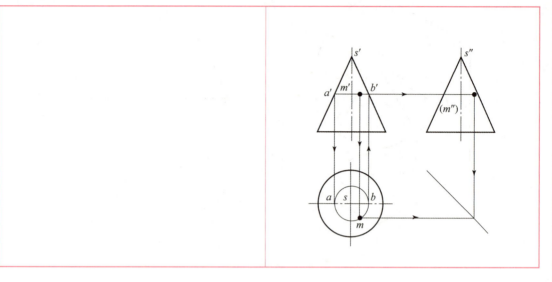

圆锥体被平行于其底面的平面截去其上部,所剩的部分叫作圆锥台,简称圆台。圆台及其三视图如图2-3-5所示。

提示:圆锥台视图的特征是一面视图为一大一小两个同心圆,其他两面视图均为相等的等腰梯形。

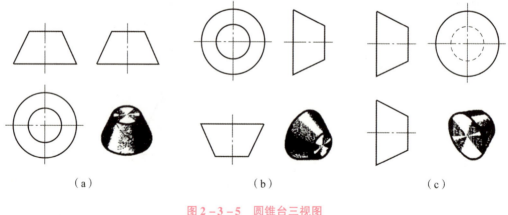

图2-3-5 圆锥台三视图

知识点7:圆球表面取点

圆球形成:圆球的表面是球面,如图2-3-6所示,圆球面可看作一圆母线围绕它的直径回转而成的曲面。

圆球的投影:圆球在三个投影面上的投影都是直径相等的圆,但这三个圆分别表示三个不同方向的圆球面转向轮廓线的投影。正面投影的圆是平行于 V 面的圆素线 A 的投影(是前面可见半球和后面不可见半球的分界线);侧面投影

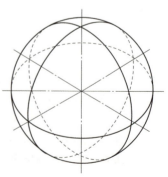

图2-3-6 圆球形成

的圆是平行于 W 面的圆素线 C 的投影；水平投影的圆是平行于 H 面的圆素线 B 的投影。这三条圆素线的其他两面投影都与相应圆的中心线重合，无须画出。

圆球三视图如图 2-3-7 所示。

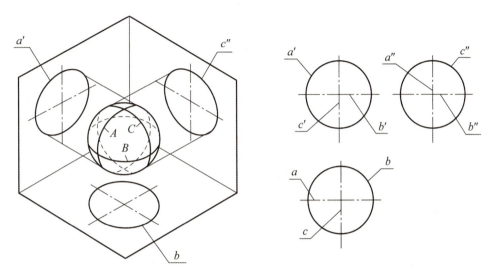

图 2-3-7　圆球三视图

提示：圆球在三个投影面上的投影都是直径相等的圆。

圆球表面取点：圆球表面上点的投影可采用作辅助圆的方法来进行。作图时注意，圆的半径是从中心线到圆素线的距离。

作图方法：过该点在球面上作一个平行于任意投影面的辅助圆，如图 2-3-8 所示，过点 M 作一平行于正面的辅助圆，它的水平投影过 m 的直线 ab，正面投影为直径等于 ab 长度的圆。自 m 向上引垂线，在正面投影上与辅助圆相交于两点。由于 m 可见，所以点 M 在上半个圆周上，因此可以确定位置偏上的点即为 m'，再由 m、m' 即可求出 m''。

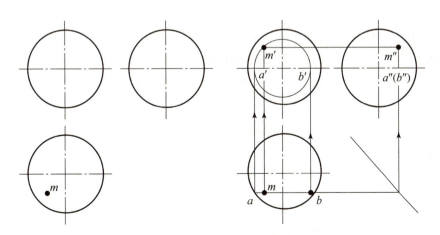

图 2-3-8　圆球表面取点

测 试

课堂小测
班级：　　　　　　　　　　姓名：
填空题
完成曲面立体的三面投影，并补画其表面上点的另两面投影。
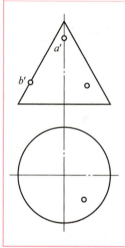

 项目实施

请同学们自查是否实现本项目目标，并准备好绘图工具，按 1∶1 的比例在 A4 图纸上完成习题集任务。

注意事项：

（1）绘制图形时，留足标注尺寸的位置，使图形布置均匀。

（2）画底稿时，连接弧的圆心及切点要准确。

（3）加深时按先粗后细，先曲后直，先水平后垂直、倾斜的顺序绘制，尽量做到同类图线规格一致、连接光滑。

（4）尺寸标注应符合规定，不要遗漏尺寸和箭头。

（5）注意保持图面整洁。

小栏目

"困难像弹簧，你弱它就强，你强它就弱"。面对困难我们如何选择？

项目3　绘制并识读组合体三视图

项目导读

通过任务3-1和任务3-2的学习，学生能正确绘制组合体三视图，具备识读平面组合体三视图的能力，能够想象空间物体形状和结构特征，树立严肃认真、一丝不苟的工作作风和良好的绘图习惯。

任务3-1　绘制并识读平面组合体三视图

任务单

任务载体	肋板是设在肋骨位置，从一舷伸至另一舷的横向构件，它在中内龙骨处间断，而两端与肋骨通过舭肋板牢固相连。肋板也是由组合"T"形钢材或钢板折边制成，其主要作用是承担横向强度。图为带有加强肋板几何体的轴测图，请完成该图形的绘制及尺寸标注 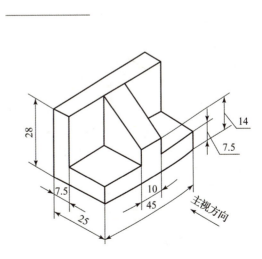

续表

职业能力	绘制平面组合体三视图	对应知识点：1、2	学习如登山：一步一脚印，踏实前行，才能步步登高
	绘制截交线	对应知识点：3、4、5	
计划学时	6学时		
学习要求	按照给定的平面组合体，依据机械制图国家标准规定，正确绘制其三视图		

小 贴 士

工欲善其事，必先利其器，请同学们准备好铅笔、圆规、直尺、三角板、壁纸刀、橡皮等绘图工具。

 任务分析

组合体的组合形式

任务1 识读平面组合体三视图

子任务1 组合体 请同学们仔细观察图3-1-1，完成下列问题。

图3-1-1（a）和图3-1-1（b）分别属于哪种组合形式？

1. 由两个或两个以上基本体组成的复杂形体称为_____。
2. 组合体按照其组合形式不同，可分为_____、_____和_____。

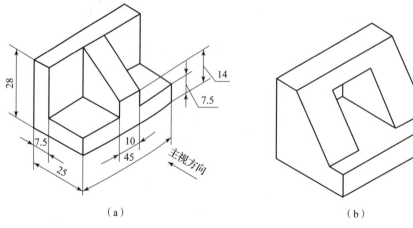

（a） （b）

图3-1-1 组合体

微评：改正错误，夯实基础。

子任务 2　三视图　请同学们仔细想一想，三视图具有什么样的特性？

三视图的特性：

任务3-1-2　绘制平面组合体三视图

截交线

子任务 1　截交线　请同学们仔细想一想，截交线具有什么样的性质？

平面立体的截交线是一个_____，它的顶点是_____，它的边是_____。

截交线的性质：

微评：改正错误，夯实基础。

子任务 2　请同学们结合知识链接，说明绘制平面组合体三视图需要注意什么问题。

微评：改正错误，夯实基础。

子任务 3　请同学们归纳总结平面组合体三视图的绘图步骤。

微评：改正错误，夯实基础。

子任务 4　请同学们拿出 A4 图纸，画好图框和标题栏，按照任务单中给定的平面组合体完成其三视图的绘制。

微评：改正错误，夯实基础。

任务实施

在 A4 图纸上完成平面组合体三视图的绘制，比例 1 : 1。

提示：

（1）鉴别图纸正反面后贴图。

（2）画底图时，用细实线画出图框线及标题栏。

（3）图面布置要均匀，作图要准确。

（4）按所给尺寸画底图，然后按图线标准描深、抄注尺寸，最后描深图框线并填写标题栏。

（5）标题栏中，图名、校名用 10 号字书写，其余用 5 号字书写，日期用阿拉伯数字书写。

 任务评价

填写工作任务评价单。

工作任务评价单

班级		姓名		学号		成绩	
组别		任务名称			参考学时		
序号	评价内容			分数	自评分	互评分	组长或教师评分
1	课前准备（课前预习情况）： 5 道预习检测题，对 1 道题得 1 分			5			
2	知识链接（完成情况）： 课堂小测成绩×10%			10			
3	任务计划与决策： 讨论决策中起主导作用 17～20 分，积极参与讨论 10～17 分，认真思考、听取讨论 10 分，积极为他人解疑、帮助同学 5 分			25			
4	任务实施（图线、表达方案、图线布局等）： 图框、标题栏 1～5 分，布局 1～5 分，正确绘制 1～5 分，线型均匀正确 1～5 分			25			
5	绘图质量： 正确绘制 10 分，图面整洁度 1～10 分，粗、细线条清晰度 1～5 分，尺寸标注 1～5 分			30			

续表

序号	评价内容	分数	自评分	互评分	组长或教师评分
6	遵守课堂纪律： 出勤1分，按要求完成2分，帮助同学并清理打扫教室卫生2分	5			
	总分	100			
综合评价（自评分×20% + 互评分×40% + 组长或教师评分×40%）					
组长签字：			教师签字：		
学习 体会					

1. 实践名称

平面组合体三视图。

2. 实践目的

（1）熟悉有关三视图的制图标准。

（2）掌握平面组合体三视图的识读与绘制方法。

（3）增加对实践课的感性认识。

3. 实践要求

（1）参照轴测图，能够补全三视图中所缺图线。

（2）根据轴测图，能够按照1∶1的绘图比例绘制平面组合体的三视图。

（3）在绘图过程中，要严格按照国家标准的有关规定进行绘图，不得任意变动。

（4）要保持精益求精的工作态度，养成良好的绘图习惯。

4. 实践提示

（1）在绘制三视图之前，要先进行形体分析。

（2）主视图要反映组合体的结构特征。

（3）画图时，要先画主要部分，后画次要部分；先画可见部分，后画不可见部分；先画圆或圆弧，后画直线。

（4）当两个形体表面不平齐堆积和切割时，中间应该画分界线。

（5）当两个形体表面平齐堆积和切割时，中间不应该画分界线。

（6）图面布置要均匀，作图要准确。

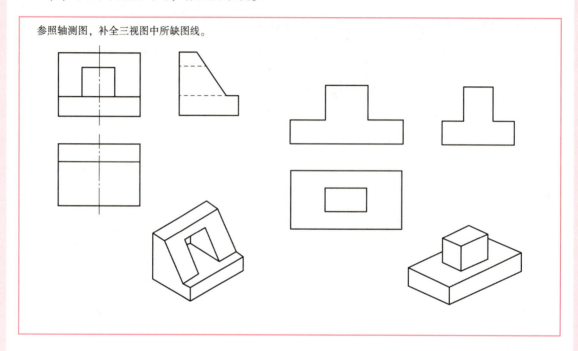

参照轴测图，补全三视图中所缺图线。

 知识链接

知识点1：组合体概念

任何复杂的形体都可以看成是由一些基本的形体按照一定的方式组合而成的，这些基本体包括棱柱、棱锥、圆柱、圆锥、球和圆环等。由基本体组成的复杂形体称为组合体。

知识点2：组合形式

按照其组合形式不同，可分为叠加式、切割式和综合式。

（1）叠加式。

将多个基本形体叠加在一起，组成的组合体为叠加式的组合体。

叠加的方式可以是简单堆积、相切或者相交等。

两形体之间以平面相接触称为堆积，如图3-1-2所示。这种形式的组合体分界线为直线或平面曲线，画这类组合形式的视图，实际上是画几个基本形体的投影。

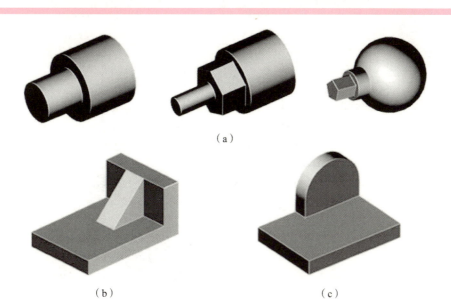

图 3-1-2 堆积

(a) 同轴堆积；(b) 对称堆积；(c) 非对称堆积

(2) 切割式。

相切是指两个形体的表面（平面与曲面或曲面与曲面）光滑连接。因相切处为光滑过渡，不存在轮廓线，故在投影图上不画线，如图 3-1-3 所示。

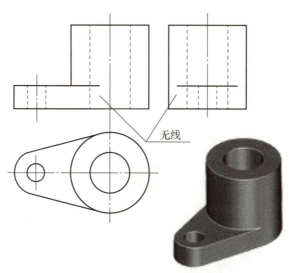

图 3-1-3 相切

相交是指两形体的表面非光滑连接，接触处产生了交线，如图 3-1-4 所示。

切割式组合体是由多个基本形体通过切割而形成的组合体，如图 3-1-5 所示。切割的形式包括简单切割、挖孔、开槽等。

(3) 综合式。

常见的组合体大多数为叠加式、切割式的综合形式，由基本形体既叠加又切割或穿孔而形成的形体，即综合式组合体，如图 3-1-6 所示。

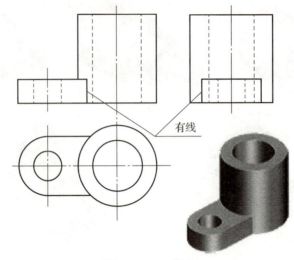

图 3-1-4 相交

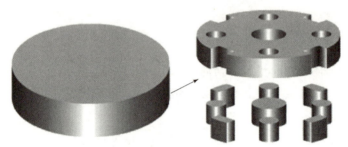

图 3-1-5 切割

图 3-1-6 综合式组合体

知识点 3：截交线

1. 定义

截平面与立体表面的交线称为截交线。由于截平面与圆柱轴线的相对位置不同，故截交线有三种不同的形状，如图 3-1-7 所示。

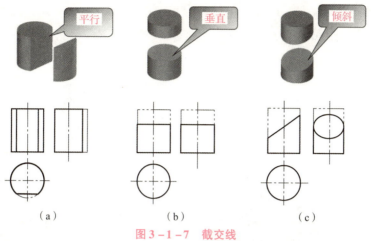

图 3-1-7 截交线

(a) 直线；(b) 圆；(c) 椭圆

2. 基本性质

（1）共有性：截交线是截平面与立体表面共有的线。

（2）封闭性：由于任何立体都有一定的范围，所以截交线一定是闭合的平面图形。

知识点4：截交线的绘制步骤

同一立体被多个平面截切，要逐个截平面进行截交线的分析和作图。

步骤1　空间及投影分析，确定截平面与立体的相对位置以及截平面与投影面的相对位置。

步骤2　求截交线，可以分为三步完成，如图3-1-8所示。

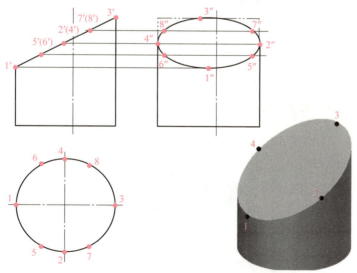

图 3-1-8 截交线绘制

（1）找特殊点。

（2）补充一般点。

（3）光滑连接各点。

步骤3　完善图形轮廓。

知识点5：截交线的绘制注意事项

当两个形体表面不平齐堆积和切割时，中间应画分界线，如图3-1-9所示。

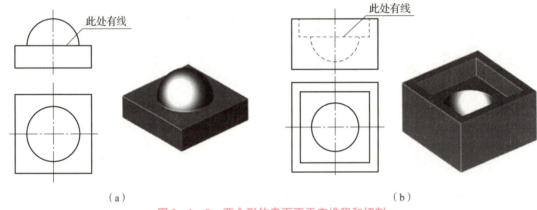

图3-1-9　两个形体表面不平齐堆积和切割

当两个形体表面平齐堆积和切割时，中间不应该画分界线，如图3-1-10所示。

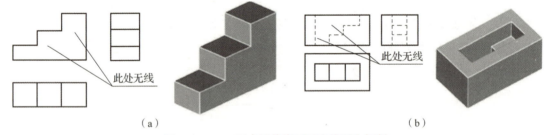

图3-1-10　两个形体表面平齐堆积和切割

当曲面与曲面相切时，由于相切处表面光滑，分界线是看不出来的，所以一般情况下不应在相切处画出两相切表面的分界线，如图3-1-11所示。

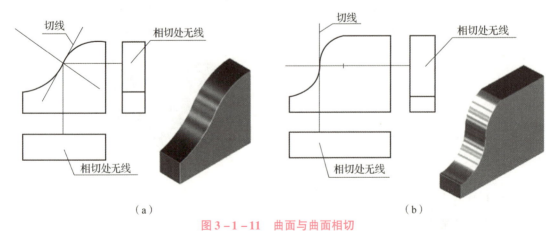

图3-1-11　曲面与曲面相切

项目3 绘制并识读组合体三视图

测 试

课堂小测
班级：　　　　　　　　　　　　　　姓名：
填空题

一、填空题

1. 在组合体中，因相切处为_____过渡，不存在轮廓线，故在投影图上_____（"画"或"不画"）线。
2. 在组合体中，当两个形体表面不平齐堆积和切割时，中间应该_____（"画"或"不画"）分界线。
3. 在组合体中，当两个形体表面平齐堆积和切割时，中间_____（"画"或"不画"）分界线。
4. 截平面垂直于圆柱体的轴线时，交线为_____；倾斜于轴线时，交线为_____。
5. 平面切割圆锥时，截平面与轴线垂直截交线的形状是_____；截平面通过锥顶时，截交线的形状是_____；截平面与轴线倾斜时，截交线的形状是_____；截平面平行于任意素线时，截交线的形状是_____；截平面与轴线平行时，截交线的形状是_____。

小栏目

如何理解"鸟欲高飞先振翅，人求上进先读书"，请同学们结合任务单中的思政点，谈谈自己的理解。

任务 3-2　绘制并识读支座三视图

任务单

任务载体	相交孔结构在机械零件中非常常见，如三通，可以用于改变流体方向，用在主管道要分支管处。下图为两孔相交几何体轴测图，请完成该图形的绘制及尺寸标注

续表

职业能力	绘制含有回转体的组合体的三视图，并进行尺寸标注	对应知识点：1、2、3、4	少年强则国强：今天的每一分努力、每一份付出，都是国家强盛的基石
	绘制相贯线	对应知识点：5、6	
计划学时	6 学时		
学习要求	按照给定的支座，依据机械制图国家标准规定，正确绘制其三视图		

小 贴 士

工欲善其事，必先利其器，请同学们准备好铅笔、圆规、直尺、三角板、壁纸刀、橡皮等绘图工具。

 任务分析

组合体
尺寸标注

任务 3-2-1　识读含有回转体的组合体三视图

子任务 1　组合体的尺寸标注　请同学们仔细想一想，完成下列问题。

标注组合体尺寸的基本要求：

组合体三视图一般要标注三类尺寸：_____、_____ 和 _____。

微评：改正错误，夯实基础。

子任务 2　请同学们认真观察图 3-2-1，明确图中所标注尺寸的含义。

$R10$：
$2\times\phi10$：
34：
70：
80：
54：
35：

续表

20：
14：
15：
60：
12：
$R27$：
$\phi32$：

微评：改正错误，夯实基础。

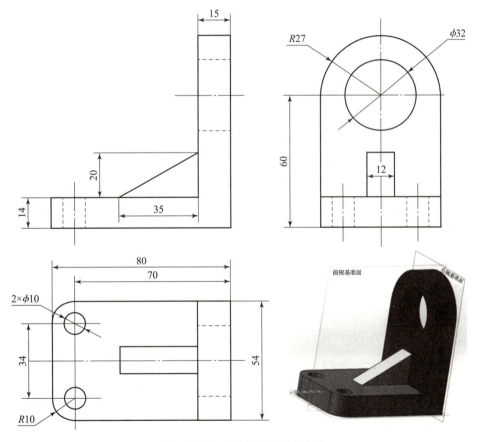

图 3-2-1　含有回转体的组合体

子任务3　认真观察图3-2-1，指出图中长、宽、高方向上的尺寸标准。

长：
宽：
高：

> 机械制图

子任务 4　认真观察图 3-2-1，指出图中的总体尺寸、定形尺寸和定位尺寸。

总体尺寸：
定形尺寸：
定位尺寸：

任务 3-2-2　绘制支座视图

子任务 1　相贯线　请同学们仔细想一想，相贯线具有什么样的性质？

两立体表面相交时产生的交线，称为_____。
相贯线的性质：

微评：改正错误，夯实基础。

子任务 2　请同学们结合知识链接，说明对组合体三视图进行尺寸标注需要注意什么问题。

微评：改正错误，夯实基础。

子任务 3　请同学们归纳总结组合体三视图的尺寸标注步骤。

微评：改正错误，夯实基础。

子任务 4　请同学们拿出 A4 图纸，画好图框和标题栏，按照任务单中给定的支座完成其三视图的绘制。

微评：改正错误，夯实基础。

 任务实施

准备好绘图工具，在 A4 图纸上完成支座三视图的绘制，绘图比例 1∶1。

提示：

（1）鉴别图纸正反面后贴图。

（2）画底图时，用细实线画出图框线及标题栏。

（3）图面布置要均匀，作图要准确。

（4）按所给尺寸画底图，然后按图线标准描深、抄注尺寸，最后描深图框线并填写标题栏。

（5）标题栏中，图名、校名用 10 号字书写，其余用 5 号字书写，日期用阿拉伯数字书写。

 任务评价

填写工作任务评价单。

工作任务评价单

班级		姓名		学号		成绩	
组别		任务名称				参考学时	
序号	评价内容		分数	自评分		互评分	组长或教师评分
1	课前准备（课前预习情况）： 5 道预习检测题，对 1 道题得 1 分		5				
2	知识链接（完成情况）： 课堂小测成绩×10%		10				
3	任务计划与决策： 讨论决策中起主导作用 17~20 分，积极参与讨论 10~17 分，认真思考、听取讨论 10 分，积极为他人解疑、帮助同学 5 分		25				
4	任务实施（图线、表达方案、图线布局、尺寸标注等）： 图框、标题栏 1~5 分，布局 1~5 分，正确绘制 1~5 分，线型均匀正确 1~5 分		25				

续表

序号	评价内容	分数	自评分	互评分	组长或教师评分
5	绘图质量： 正确绘制 10 分，图面整洁度 1～10 分，粗、细线条清晰度 1～5 分，尺寸标注 1～5 分	30			
6	遵守课堂纪律： 出勤 1 分，按要求完成 2 分，帮助同学并清理打扫教室卫生 2 分	5			
	总分	100			
综合评价（自评分×20% + 互评分×40% + 组长或教师评分×40%）					
组长签字：			教师签字：		
学习体会					

强化技能

1. 实践名称

组合体三视图。

2. 实践目的

（1）熟悉有关三视图及其尺寸标注的制图标准。

（2）掌握含有回转体的组合体三视图的识读与绘制方法。

（3）增加对实践课的感性认识。

3. 实践要求

（1）参照轴测图，能够补全三视图中所缺图线。

（2）根据轴测图，能够按照 1∶1 的绘图比例绘制含有回转体的组合体的三视图。

（3）在绘图过程中，要严格按照国家标准的有关规定进行绘图，不得任意变动。

(4) 要保持精益求精的工作态度，养成良好的绘图习惯。

4. 实践提示

(1) 组合体的尺寸标注要正确、完整、清晰。

(2) 在标注尺寸之前，首先要确定合适的尺寸基准。

(3) 对称结构的尺寸不能只标注一半。

(4) 相互平行的尺寸，应按大小顺序排列，小尺寸在内，大尺寸在外。

(5) 圆弧的半径尺寸应标注在反映圆弧实形的视图上，且相同的圆弧半径只标注一次，不能在符号"R"前加注圆角数目。

(6) 避免标注封闭的尺寸链。

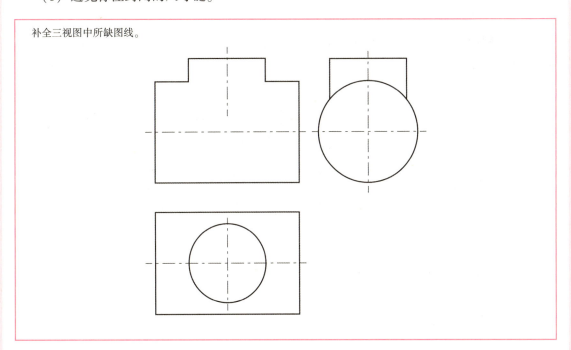

 知识链接

知识点1：组合体尺寸标注的基本要求

组合体尺寸标注的基本要求：正确、完整、清晰。

正确——所注尺寸符合国家标准的规定；

完整——所注尺寸既不遗漏，也不重复；

清晰——尺寸注写布局整齐清楚，便于看图。

知识点2：组合体尺寸分析

尺寸基准：标注尺寸的起始位置，对于一个空间立体来说，基准必须考虑三个方向，每

组合体
尺寸标注

个方向都必须有一个尺寸基准。

(1) 定形尺寸：确定组合体长、宽、高三个方向的尺寸，称为定形尺寸。

(2) 定位尺寸：表示组合体各组合部分相对位置的尺寸，称为定位尺寸。

(3) 总体尺寸：表示组合体外形大小、总长、总宽、总高的尺寸，称为总体尺寸。

知识点3：正确标注尺寸的注意事项

(1) 对称结构的尺寸不能够只标注一半。

(2) 相互平行的尺寸，应按大小顺序排列，小尺寸在内，大尺寸在外。

(3) 圆弧的半径尺寸，应标注在反映圆弧实形的视图上，且相同的圆弧半径只标注一次，不能在符号"R"前加注圆角数目。

(4) 各基本形体的定形、定位尺寸不要分散，要尽量集中标注在反映该物体形状特征和各形体相对位置特征明显的视图上，如图3-2-2所示。

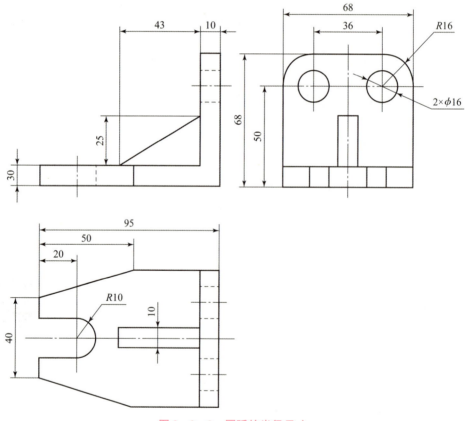

图3-2-2 圆弧的半径尺寸

(5) 均匀分布的小孔的直径必须标注在投影为圆的视图上，且在符号"φ"前加注相同圆孔的数目。同心圆的直径尺寸最好标注在非圆视图中。

(6) 避免标注封闭的尺寸链。标注同一方向连续尺寸时，应排列整齐，尺寸线应对齐。

(7) 尺寸应标注在视图外部，相邻视图的相关尺寸最好注在两个视图中间，避免尺寸线、尺寸界线与轮廓线相交，如图3-2-3所示。尽量避免将尺寸标注在虚线上。

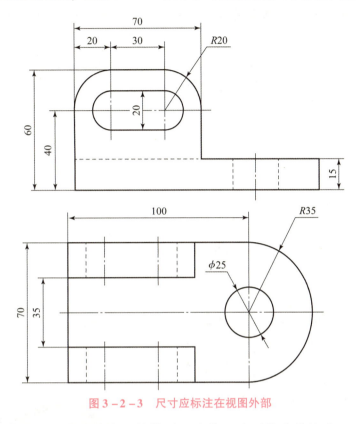

图3-2-3 尺寸应标注在视图外部

（8）当组合体的一端或两端为回转体时，总体尺寸不能直接注出，否则会出现重复尺寸。

> ❖ 提示 ❖
>
> 　　相同的孔要标注孔的数量（如2×φ10），但相同的圆角无须标注数量，两者都不要重复标注。

知识点4：标注尺寸的方法和步骤

步骤1：分析形体。

步骤2：确定尺寸基准。

步骤3：标注各形体的定形和定位尺寸。

步骤4：标注总体尺寸。

知识点5：相贯线

1. 定义

两立体表面相交时，产生的交线称为相贯线。

相贯线

2. 相贯线的特殊情况

相贯线为平面曲线：当两个同轴回转体相交时，相贯线一定是垂直于轴线的圆，当回转体轴线平行于某一平面时，这个圆在该投影面上的投影为垂直于轴线的直线；当轴线相交的两圆柱（或圆锥）公切于同一球面时，相贯线一定是平面曲线，即两个相交的椭圆。

相贯线为直线：当相交两圆柱的轴线平行时，相贯线为直线；当两圆锥共顶时，相贯线也为直线。

知识点6：绘制相贯线的步骤

绘制相贯线的步骤如图3－2－4所示。
步骤1：求特殊点。
步骤2：求一般点。
步骤3：顺次光滑连接各点，即得相贯线的正面投影。

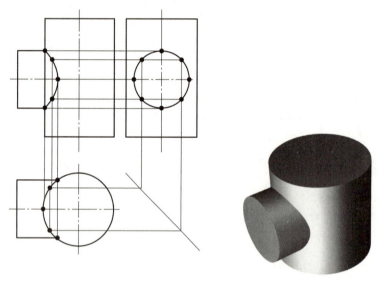

图3－2－4　相贯线

测　试

课堂小测
班级：　　　　　　　　　　　　姓名：
填空题
1. 对称结构的尺寸_____（"能"或"不能"）只标注一半。
2. 相互平行的尺寸，应按大小顺序排列，小尺寸在_____，大尺寸在_____。
3. 圆弧的半径尺寸，应标注在反映圆弧实形的视图上，且相同的圆弧半径只标注一次，_____（"能"或"不能"）在符号"R"前加注圆角数目。

续表

4. 各基本形体的定形、定位尺寸_____标注在反映该物体形状特征和各形体相对位置特征明显的视图上。
5. 均匀分布的小孔的直径必须标注在投影为_____的视图上，且在符号"φ"前加注相同圆孔的数目。
6. 同心圆的直径尺寸最好标注在_____视图中。
7. 避免标注_____的尺寸链。
8. 尺寸应标注在_____，相邻视图的相关尺寸最好标注在_____，避免尺寸线、尺寸界线与轮廓线相交。
9. 尽量避免将尺寸标注在_____上。
10. 两个同轴回转体相交时，相贯线一定是_____。
11. 当相交两圆柱的轴线平行时，相贯线为_____；当两圆锥共顶时，相贯线也为_____。

简述题

项目实施

请同学们自查是否实现本项目目标，并准备好绘图工具，按 1∶1 的比例在 A4 图纸上完成习题集任务。

注意事项：
（1）绘制图形时应留足标注尺寸的位置，使图形布置均匀。
（2）画底稿时，连接弧的圆心及切点要准确。
（3）加深时按先粗后细，先曲后直，先水平后垂直、倾斜的顺序绘制，尽量做到同类图线规格一致，连接光滑。
（4）尺寸标注应符合规定，不要遗漏尺寸和箭头。
（5）注意保持图面整洁。

小 游 戏

学习不能"墨守成规"，"守正创新"才是我们"智造强国"的必由之路。
请学生利用模型分组自行搭积木，并绘制搭出来的组合体的三视图。

项目4　绘制轴测图

项目导读

通过任务4-1和任务4-2的学习，学生能正确绘制正等轴测图、斜二轴测图；能识读轴测图；能规范标注尺寸，并能作为辅助手段，正确识读复杂零件图样。逐步养成质量意识、规范意识、团队意识，培养学生自主学习的能力，提高分析和解决问题的能力，使工匠精神贯穿始终。

任务4-1　绘制V形铁正等轴测图

任务单

任务载体	V形块常用于轴类检验、校正、划线，还可用于检验工件垂直度、平行度，以及精密轴类零件的检测、划线、定仪及机械加工中的装夹。下图为单口V形块，请完成该图形正等轴测图的绘制。 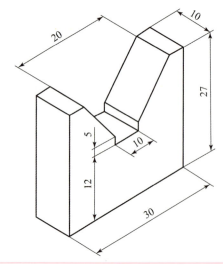

续表

职业能力	确定坐标原点，建立坐标系	对应知识点：1	天生我材必有用：中国智造，我为先
	绘制正等轴测轴	对应知识点：2	
	绘制正等轴测图	对应知识点：3、4、5	
计划学时	4 学时		
学习要求	按照给定的零件图，依据机械制图国家标准规定，正确抄画零件图		

小 贴 士

工欲善其事，必先利其器，请同学们准备好铅笔、圆规、直尺、三角板、壁纸刀、橡皮等绘图工具。

 任务分析

任务 4-1-1　识读 4-1-1 图

子任务 1　请同学们仔细观察图 4-1-1，完成下列问题。

图 4-1-1 中零件的名称是什么？
直角坐标系的原点设置在什么位置？在图 4-1-1 中标出坐标原点及各坐标轴。

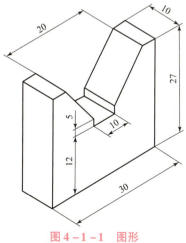

图 4-1-1　图形

微评：改正错误，夯实基础。

子任务 2 请同学们仔细想一想，完成这个轴测图需要哪些绘图工具？

主要绘图工具：

微评：改正错误，夯实基础。

子任务 3 请同学们认真观察图 4-1-1，在图上标出各个顶点的字母，然后找出平行于各坐标轴的线段。

平行于 X 轴线段：

平行于 Y 轴线段：

平行于 Z 轴线段：

微评：改正错误，夯实基础。

任务 4-1-2 画轴测图

正等轴测图

子任务 1 正等轴测图的轴间角是多少？

微评：改正错误，夯实基础。

子任务 2 正等轴测图的简化轴向伸缩系数是多少？

微评：改正错误，夯实基础。

子任务 3 请同学们归纳总结绘制正等轴测图的步骤。

微评：改正错误，夯实基础。

子任务 4　请同学们拿出 A4 图纸，画好图框和标题栏，按照任务单完成正等轴测图的绘制。

微评：改正错误，夯实基础。

准备好绘图工具，在 A4 图纸上完成 V 形铁正等轴测图的绘制。

提示：

（1）鉴别图纸正反面后贴图。

（2）画底图时，用细实线画出图框线及标题栏。

（3）图面布置要均匀，作图要准确。

（4）按图所给尺寸画底图，然后按图线标准描深、抄注尺寸，最后描深图框线并填写标题栏。

（5）在标题栏中，图名、校名用 10 号字书写，其余用 5 号字书写，日期用阿拉伯数字书写。

填写工作任务评价单。

工作任务评价单

班级		姓名		学号		成绩	
组别		任务名称				参考学时	
序号	评价内容			分数	自评分	互评分	组长或教师评分
1	课前准备（课前预习情况）： 5 道预习检测题，对 1 道题得 1 分			5			
2	知识链接（完成情况）： 课堂小测成绩×10%			10			
3	任务计划与决策： 讨论决策中起主导作用 17～20 分，积极参与讨论 10～17 分，认真思考、听取讨论 10 分，积极为他人解疑、帮助同学 5 分			25			

续表

序号	评价内容	分数	自评分	互评分	组长或教师评分
4	任务实施（图线、表达方案、图线布局等）：图框、标题栏1～5分，布局1～5分，正确绘制1～5分，线型均匀正确1～5分	25			
5	绘图质量：正确绘制10分，图面整洁度1～10分，粗、细线条清晰度1～5分，尺寸标注1～5分	30			
6	遵守课堂纪律：出勤1分，按要求完成2分，帮助同学并清理打扫教室卫生2分	5			
	总分	100			
综合评价（自评分×20% + 互评分×40% + 组长或教师评分×40%）					
组长签字：			教师签字：		
学习体会					

 强化技能

1. 实践名称

绘制正等轴测图。

2. 实践目的

（1）正确绘制正等轴测图。

（2）掌握绘图仪器及工具的正确使用。

（3）贯彻机械制图国家标准规定。

3. 实践要求

（1）完成正等轴测图的绘制，绘图比例1∶1。

（2）遵守国家标准中图幅、比例、图线、字体、尺寸标注的有关规定，不得任意变动。

（3）同类图线全图粗细一致、字体工整。

（4）树立严肃认真、一丝不苟的工作作风和良好的绘图习惯。

4. 实践提示

（1）鉴别图纸正反面后贴图。

（2）画底图时，用细实线画出图框线及标题栏。

（3）图面布置要均匀，作图要准确。

（4）按图所给尺寸画底图，然后按图线标准描深、标注尺寸，最后描深图框线并填写标题栏。

（5）标题栏中，图名、校名用10号字书写，其余用5号字书写，日期用阿拉伯数字书写。

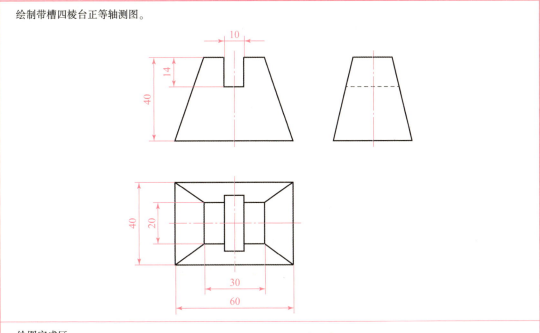

绘制带槽四棱台正等轴测图。

绘图完成区。

知识链接

知识点1：轴测图及正轴测图

将物体和确定其空间位置的直角坐标系，沿不平行于任一坐标面的方向，用平行投影法将其投射在单一投影面上所得的具有立体感的图形叫作轴测图，如图4-1-2所示。

投射方向垂直于轴测投影面——正轴测图。

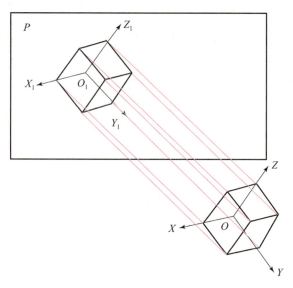

图4-1-2 轴测图的形成

知识点2：正等轴测轴和轴间角

（1）坐标轴 OX、OY、OZ 在轴测投影面上的投影 O_1X_1、O_1Y_1、O_1Z_1 称为轴测轴。

（2）两轴测轴之间的夹角 $\angle X_1O_1Y_1 = \angle X_1O_1Z_1 = \angle Y_1O_1Z_1 = 120°$ 称为轴间角。

知识点3：正等轴向变化率（也称轴向伸缩系数）

正等轴向变化率是指轴测轴上的线段长度与空间物体上对应线段长度之比。

X 轴轴向变化率：

$$\frac{O_1X_1}{OX} = p$$

Y 轴轴向变化率：

$$\frac{O_1Y_1}{OY} = q$$

Z 轴轴向变化率：

$$\frac{O_1Z_1}{OZ} = r$$

轴向变化率：
$$p = q = r = 0.82$$

简化轴向变化率：
$$p = q = r = 1$$

知识点 4：正等轴测投影性质

（1）物体上与坐标轴平行的线段，在轴测图中平行于相应的轴测轴。

（2）物体上相互平行的直线，它们的轴测投影也相互平行。

> ❖ 提示 ❖
> 画轴测图时，只能沿轴的方向进行度量。

知识点 5：正等轴测图画图步骤

根据形体的形状特点选定适当的坐标轴，然后将形体上各点的坐标关系转移到轴测图上，以定出形体上各点的轴测投影，从而作出形体的正等轴测图。

绘制正等轴测图的步骤见表 4-1-1。

表 4-1-1　正等轴测图的绘制步骤

步骤	图例
1. 在视图中确定坐标轴和坐标原点	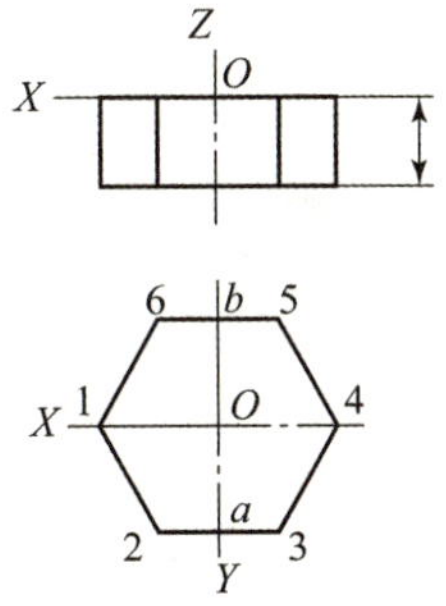
2. 画轴测轴 O_1X_1、O_1Y_1、O_1Z_1，由于 a、b 和 1、4 分别在 OY、OX 轴上，故可直接量取，并在 O_1X_1、O_1Y_1 上作出 1_1、4_1 和 a_1、b_1	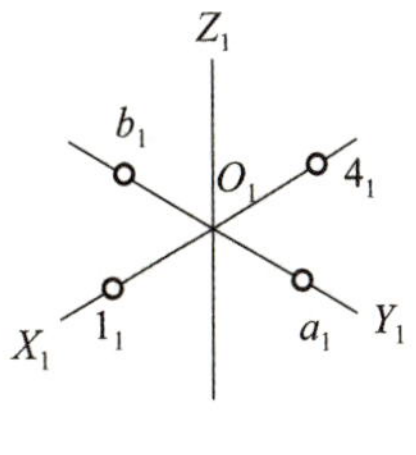

续表

步骤	图例
3. 过 a_1、b_1 作 O_1X_1 轴的平行线,分别量得 2_1、3_1、5_1、6_1,连接 1_1、2_1、3_1、4_1、5_1、6_1,即得上底面正六边形轴测图	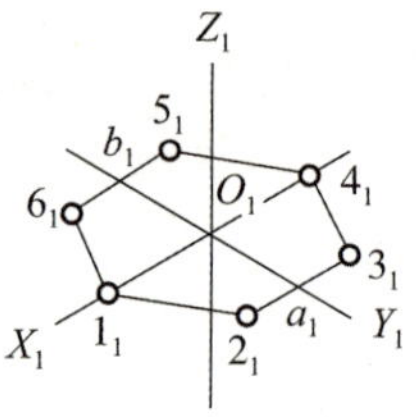
4. 由 1_1、2_1、3_1、6_1 各点向下作 O_1Z_1 的平行线,并在其上截取高度 h,作出下底面上可见的各顶点	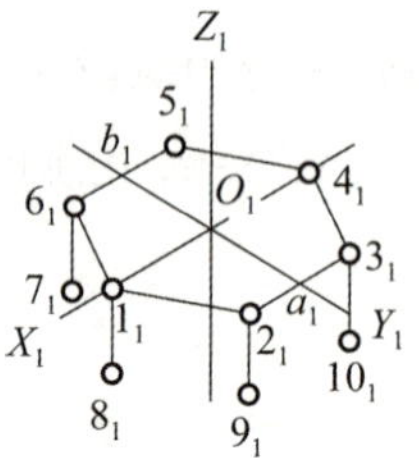
5. 连接下底面各点,擦去作图线,描深,完成正等轴测图	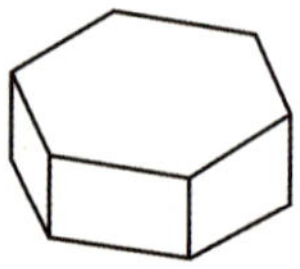

❖ 提示 ❖

轴测图只要求画出可见轮廓线,不可见轮廓线一般不必画出。

测 试

课堂小测

班级:　　　　　　　　　　　姓名:

一、填空题

1. 将物体和确定其空间位置的直角坐标系,沿＿＿＿于任一坐标面的方向,用＿＿＿投影法将其投射在单一投影面上所得的具有立体感的图形叫作轴测图。
2. 投射方向＿＿＿于轴测投影面——正等轴测图。
3. 正等轴测图轴间角为＿＿＿ = ＿＿＿ = ＿＿＿ = ＿＿＿。
4. 正等轴测图轴向伸缩系数为＿＿＿ = ＿＿＿ = ＿＿＿ = ＿＿＿;简化轴向伸缩系数为＿＿＿ = ＿＿＿ = ＿＿＿ = ＿＿＿。
5. 物体上与坐标轴平行的线段,在轴测图中＿＿＿于相应的轴测轴。
6. 物体上相互平行的直线,它们的轴测投影也＿＿＿。

小栏目

请同学们扫描任务单中二维码观看视频，回答下面问题：

（1）视频中少年成名的大国工匠是哪位？

（2）查找视频中大国工匠的事迹，填空。

青涩年华化为多彩绽放，＿＿＿＿＿＿＿＿＿＿＿＿＿＿＿＿。

任务 4-2　绘制盘类零件斜二轴测图

任务载体	有轴承的地方就要有支承点，轴承的内支承是轴，外支承就是常说的轴承座。一般情况下轴承座都是位于轴承的两端，主要作用是支承和固定轴承，让轴与其他的连接部位具有一定的位置关系。下图为支座三视图，请完成该图形的斜二轴测图的绘制 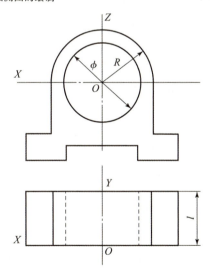		
职业能力	确定坐标原点，建立坐标系	对应知识点：1、2	世上无难事，只怕有心人
	绘制斜二轴测轴	对应知识点：2、3、4	
	正确绘制斜二轴测图	对应知识点：2、3、4	
计划学时	4 学时		
学习要求	按照给定的零件图，依据机械制图国家标准规定，正确抄画零件图		

小 贴 士

工欲善其事，必先利其器，请同学们准备好铅笔、圆规、直尺、三角板、壁纸刀、橡皮等绘图工具。

 任务分析

任务4-2-1　读图4-2-1

子任务1　请同学们仔细观察图4-2-1，完成下列问题。

图4-2-1中零件的名称是什么？
直角坐标系的原点设置在什么位置？在图4-2-1中标出坐标原点及各坐标轴。

微评：改正错误，夯实基础。

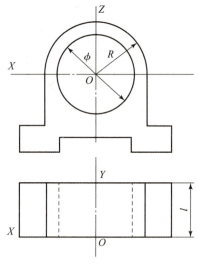

图4-2-1　图形

子任务2　请同学们仔细想一想，完成这个轴测图需要哪些绘图工具？

主要绘图工具：

微评：改正错误，夯实基础。

子任务 3 请同学们认真观察图 4-2-1，在图中标出各个顶点的字母，然后找出平行于各坐标轴的线段。

平行于 OX 轴线段：

平行于 OY 轴线段：

平行于 OZ 轴线段：

微评：改正错误，夯实基础。

任务 4-2-2 绘制斜二轴测图

斜二轴测

子任务 1 正等轴测图的轴间角是多少？

微评：改正错误，夯实基础。

子任务 2 正等轴测图的简化轴向伸缩系数是多少？

微评：改正错误，夯实基础。

子任务 3 请同学们归纳总结绘制斜二轴测图的步骤。

微评：改正错误，夯实基础。

任务实施

请同学们拿出 A4 图纸，画好图框和标题栏，按照任务单完成斜二轴测图的绘制。

提示：

（1）鉴别图纸正反面后贴图。

(2) 画底图时，用细实线画出图框线及标题栏。

(3) 图面布置要均匀，作图要准确。

(4) 按图所给尺寸画底图，然后按图线标准描深、抄注尺寸，最后描深图框线并填写标题栏。

(5) 标题栏中，图名、校名用10号字书写，其余用5号字书写，日期用阿拉伯数字书写。

微评：改正错误，夯实基础。

子任务4 对照任务4-1和任务4-2，查阅资料，总结斜二轴测图更适合绘制哪类零件。

任务评价

填写工作任务评价单。

工作任务评价单

班级		姓名		学号		成绩	
组别		任务名称				参考学时	
序号	评价内容			分数	自评分	互评分	组长或教师评分
1	知识链接（完成情况）： 课堂小测成绩×10%			5			
2	任务计划与决策： 讨论决策中起主导作用17~20分，积极参与讨论10~17分，认真思考、听取讨论10分，积极为他人解疑、帮助同学5分			10			
3	任务实施（图线、表达方案、图线布局等）： 图框、标题栏1~5分，布局1~5分，正确绘制1~5分，线型均匀正确1~5分			25			
4	绘图质量： 正确绘制10分，图面整洁度1~10分，粗、细线条清晰度1~5分，尺寸标注1~5分			25			

续表

序号	评价内容	分数	自评分	互评分	组长或教师评分
5	遵守课堂纪律： 出勤1分，按要求完成2分，帮助同学并清理打扫教室卫生2分	30			
6	课前准备（课前预习情况）： 5道预习检测题，对1道题得1分	5			
	总分	100			
综合评价（自评分×20% + 互评分×40% + 组长或教师评分×40%）					
组长签字：			教师签字：		
学习体会					

强化技能

1. 实践名称

绘制斜二轴测图。

2. 实践目的

（1）正确绘制斜二轴测图。

（2）掌握绘图仪器及工具的正确使用。

（3）贯彻机械制图国家标准规定。

3. 实践要求

（1）完成斜二轴测图的绘制，绘图比例1∶1。

（2）遵守国家标准中图幅、比例、图线、字体、尺寸标注的有关规定，不得任意变动。

（3）同类图线全图粗细一致、字体工整。

（4）树立严肃认真、一丝不苟的工作作风和良好的绘图习惯。

4. 实践提示

（1）鉴别图纸正反面后贴图。

（2）画底图时，用细实线画出图框线及标题栏。

（3）图面布置要均匀，作图要准确。

（4）按图所给尺寸画底图，然后按图线标准描深、标注尺寸，最后描深图框线和填写标题栏。

（5）标题栏中，图名、校名用 10 号字书写，其余用 5 号字书写，日期用阿拉伯数字书写。

绘制斜二轴测图。

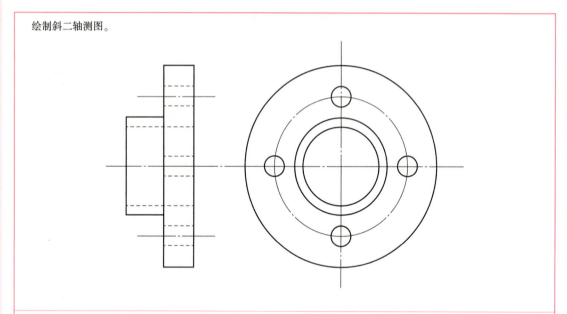

绘图完成区。

项目4 绘制轴测图

知识链接

知识点1：斜轴测图

将坐标轴 OZ 放置成铅垂位置，使坐标面 XOZ 平行于轴测投影面 P，用斜投影法将物体连同其坐标轴一起向 P 面投射，所得轴测图称为斜轴测图，如图4-2-2所示。

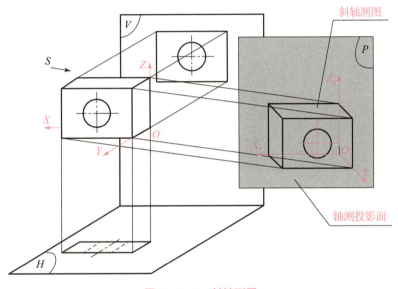

图4-2-2 斜轴测图

> **提示**
> 由于坐标面 XOZ 平行于轴测投影面，所以坐标面 XOZ 轴测投影反映实形。

知识点2：斜二轴测图轴间角

图4-2-3所示为斜二轴测图轴间角，$\angle X_1O_1Z_1=90°$，$\angle X_1O_1Y_1=\angle Y_1O_1Z_1=135°$。

知识点3：斜二轴测图轴向伸缩系数

图4-2-4所示为斜二轴测图轴向伸缩系数，X 轴和 Z 轴的轴向伸缩系数相等：$p=r=1$，Y 轴方向的轴向伸缩系数 q 随着投射方向的变化而不同。为了绘图简便，常选取 Y 轴轴向伸缩系数 $q=0.5$。

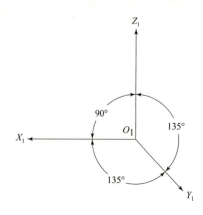

图 4-2-3 斜二轴测图轴间角

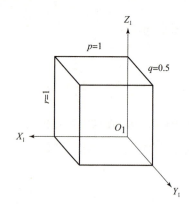

图 4-2-4 斜二轴测图轴向伸缩系数

❈ 提示 ❈

画斜二轴测图时，X、Z 轴沿轴方向进行度量，然后按照 1∶1 比例在轴测轴上确定点的位置；Y 轴沿轴方向进行度量，然后按照 1∶0.5 的比例在轴测轴上确定点的位置。

❈ 提示 ❈

在斜二轴测图中，由于物体上平行于 XOZ 坐标面的直线和平面均反映实长和实形，所以当物体上有较多的圆或圆弧平行于 XOZ 坐标面时，采用斜二测作图比较方便。

知识点 4：斜二轴测图作图步骤

根据形体的形状特点选定适当的坐标轴，然后将形体上各点的坐标关系转移到轴测图上，以定出形体上各点的轴测投影，从而作出形体的斜二轴测图。

斜二轴测图作图步骤见表 4-2-1。

表 4-2-1 斜二轴测图作图步骤

步骤	图例
1. 视图中确定坐标轴和坐标原点	

续表

步骤	图例
2. 画轴测轴 O_1X_1、O_1Y_1、O_1Z_1	
3. 画前端面（前端面与主视图是全等形）	
4. 将前端面圆心沿 Y 轴向后平移 $L/2$，画后端面的可见部分及其他可见轮廓线	
5. 清理图面，加深图线，完成绘制	

测　试

课堂小测
班级：　　　　　　　　　　　　　　姓名：

一、填空题

1. 斜二轴测图轴间角为 _____ = _____ = _____ ，_____ = _____ 。
2. 斜二轴测图轴向伸缩系数为 _____ = _____ = _____ ，_____ = _____ 。

二、简答题

斜二轴测图更适合画哪类零件？

项目实施

请同学们自查是否实现本项目目标，并准备好绘图工具，按 1∶1 的比例在 A4 图纸上完成任务。

注意事项：

（1）绘制图形时，留足标注尺寸的位置，使图形布置均匀。

（2）画底稿时，连接弧的圆心及切点要准确。

（3）加深时按先粗后细，先曲后直，先水平后垂直、倾斜的顺序绘制，尽量做到同类图线规格一致，连接光滑。

（4）尺寸标注应符合规定，不要遗漏尺寸和箭头。

（5）注意保持图面整洁。

小栏目

《西游记》第二回：悟空道："这个却难！却难！"祖师道："世上无难事，只怕有心人。"悟空闻得此言，叩头礼拜。

请同学们分组讨论：悟空为何叩头礼拜。

项目 5　绘制并识读螺纹件三视图

项目导读

通过任务 5-1~任务 5-5 的学习，学生能正确绘制并识读螺纹件三视图，规范标注零件图尺寸，逐步养成质量意识、规范意识、团队意识，培养学生自主学习的能力，提高其分析和解决问题的能力，使工匠精神贯穿始终。

任务 5-1　绘制螺栓零件图

任务单

任务载体	螺栓是常见机械零件，是配用螺母的圆柱形带螺纹的紧固件，螺栓连接属于可拆卸连接。螺栓在日常生活和工业生产制造当中，是必不可少的，螺栓也被称为工业之米，可见螺栓的运用之广泛。下图为螺栓立体视图，请完成该图形的绘制及尺寸标注		
职业能力	绘制螺栓零件图	对应知识点：1、2、3	"螺丝钉"精神：干一行，爱一行，钻一行
	标注外螺纹尺寸	对应知识点：5	
计划学时	8 学时		
学习要求	按照给定三维立体图形，依据机械制图国家标准规定，正确绘制成螺栓零件图		

> **小贴士**
>
> **工欲善其事，必先利其器**，请同学们准备好铅笔、圆规、直尺、三角板、壁纸刀、橡皮等绘图工具。

 任务分析

任务5-1-1　仔细观察读图5-1-1

子任务1　请同学们仔细观察图5-1-1，完成下列问题。

本任务所绘制零件名称：
螺纹的结构要素有哪些？
该螺纹属于外螺纹还是内螺纹？

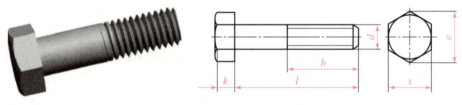

图5-1-1　螺栓件

微评：改正错误，夯实基础。

子任务2　请同学们仔细想一想，仔细观察图5-1-2，完成下列问题。

本任务图名是：
判断图5-1-2中的牙型，并写出来。
判断M16螺纹是普通粗牙螺纹还是普通细牙螺纹。

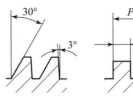

图 5-1-2 螺纹类型

微评：改正错误，夯实基础。

任务 5-1-2　绘制图 5-1-1 所示螺栓件

子任务 1　请同学们仔细想一想，仔细观察图 5-1-3，完成下列问题。

日常使用的螺纹大多是右旋螺纹还是左旋螺纹？

成对使用的内、外螺纹，如果外螺纹为右旋螺纹，那么内螺纹应该是右旋还是左旋？

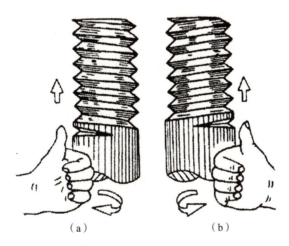

图 5-1-3　螺纹的旋向
(a) 右旋；(b) 左旋

微评：改正错误，夯实基础。

子任务 2　请同学们仔细想一想，仔细观察图 5-1-4，完成下列问题。

在使用上，多线螺纹与单线螺纹相比有什么优点？

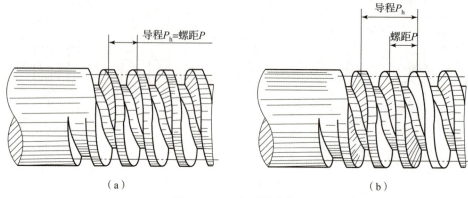

图 5-1-4 螺纹的线数
（a）单线螺纹；（b）多线螺纹

微评：改正错误，夯实基础。

 任务实施

准备好绘图工具，在 A4 图纸上绘制螺栓零件三视图，比例 1∶1。

提示：

（1）鉴别图纸正反面后贴图。

（2）画底图时，用细实线画出图框线及标题栏。

（3）图面布置要均匀，作图要准确。

（4）按图所给尺寸画底图，然后按图线标准描深、抄注尺寸，最后描深图框线并填写标题栏。

（5）标题栏中，图名、校名用 10 号字书写，其余用 5 号字书写，日期用阿拉伯数字书写。

 任务评价

填写工作任务评价单。

工作任务评价单

班级		姓名		学号		成绩	
组别		任务名称				参考学时	
序号	评价内容		分数	自评分		互评分	组长或教师评分
1	课前准备（课前预习情况）： 1 道预习检测题，对 1 道题得 5 分		5				
2	知识链接（完成情况）： 课堂小测成绩×10%		10				

续表

序号	评价内容	分数	自评分	互评分	组长或教师评分
3	任务计划与决策： 讨论决策中起主导作用 17~20 分，积极参与讨论 10~17 分，认真思考、听取讨论 10 分，积极为他人解疑、帮助同学 5 分	25			
4	任务实施（图线、表达方案、图线布局等）： 图框、标题栏 1~5 分，布局 1~5 分，正确绘制 1~5 分，线型均匀正确 1~5 分	25			
5	绘图质量： 正确绘制 10 分，图面整洁度 1~10 分，粗、细线条清晰度 1~5 分，尺寸标注 1~5 分	30			
6	遵守课堂纪律： 出勤 1 分，按要求完成 2 分，帮助同学并清理打扫教室卫生 2 分	5			
	总分	100			
综合评价（自评分×20% + 互评分×40% + 组长或教师评分×40%）					
组长签字：				教师签字：	
学习体会					

1. 实践名称

绘制普通外螺纹并标记（普通细牙外螺纹，螺纹大径为 10 mm，螺距为 1.25 mm，单线，旋合长度为中等级，右旋）。

2. 实践目的

（1）熟悉螺纹组成及特性。

（2）掌握外螺纹画法。

（3）增加对实践课的感性认识。

3. 实践要求

（1）完成螺栓零件图的绘制，绘图比例1∶1，标注尺寸。

（2）遵守国家标准中图幅、比例、图线、字体、尺寸标注的有关规定，不得任意变动。

（3）同类图线全图粗细一致、字体工整。

（4）树立严肃认真、一丝不苟的工作作风和良好的绘图习惯。

4. 实践提示

（1）鉴别图纸正反面后贴图。

（2）画底图时，用细实线画出图框线及标题栏。

（3）图面布置要均匀，作图要准确。

（4）按图所给尺寸画底图，然后按图线标准描深、抄注尺寸，最后描深图框线和填写标题栏。

（5）标题栏中，图名、校名用10号字书写，其余用5号字书写，日期用阿拉伯数字书写。

绘制普通外螺纹并标记。（M10×1.25）

绘图完成区。

知识链接

知识点1：认识螺纹

1. 螺纹的形成

在圆柱或圆锥表面上，沿螺旋线所形成的具有相同断面形状的连续凸起和沟槽即为螺纹，连续凸起一般被称为"牙"。牙的顶端被称为牙顶，牙的底部被称为牙底。螺纹分为外螺纹和内螺纹，在圆柱或圆锥外表面上形成的螺纹，称为外螺纹；在圆柱或圆锥内表面上形成的螺纹，称为内螺纹。

2. 螺纹要素

螺纹由牙型、公称直径、螺距与导程、线数和旋向五个基本要素组成。

1）牙型

通过螺纹轴线的剖面上，有形状相同的连续凸起和沟槽，它们的轮廓形状称为螺纹牙型，凸起的顶端称为牙顶，沟槽的底部称为牙底。常见的螺纹牙型有三角形、梯形、锯齿形和矩形等，如图5-1-5所示。

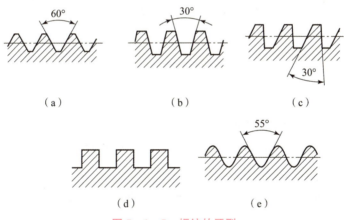

图5-1-5　螺纹的牙型
(a) 三角形；(b) 梯形；(c) 锯齿形；(d) 矩形；(e) 55°管螺纹

上述列出的螺纹牙型中，三角形、梯形、锯齿形、55°管螺纹的牙型为标准牙型，即对这些牙型的结构形状和尺寸大小，国家标准有明确的规定。矩形螺纹牙型为非标准牙型。三角形牙型的螺纹因使用非常广泛，故称为普通螺纹。

2）直径

螺纹的直径有大径（d，D）、小径（d_1，D_1）和中径（d_2，D_2）。大径是螺纹的最大直径，又称公称直径，即通过外螺纹牙顶的假想圆柱面的直径；小径是螺纹的最小直径，即通过外螺纹牙底的假想圆柱面的直径；中径是在大径和小径之间有一假想圆柱面，其母线通过牙型上沟槽宽度和凸起宽度相等的地方。如图5-1-6所示。

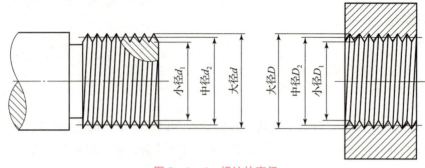

图 5-1-6 螺纹的直径

3）线数

沿一条螺旋线形成的螺纹为单线螺纹。沿轴向等距分布的两条或两条以上的螺旋线所形成的螺纹为双线螺纹或多线螺纹。如图 5-1-7 所示。

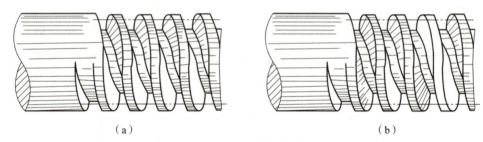

(a)   (b)

图 5-1-7 螺纹的线数

(a) 单线螺纹；(b) 双线螺纹

4）螺距与导程

相邻两牙在中径线上对应两点间的轴向距离，称为螺距，用 P 表示。在同一螺旋线上相邻两牙在中径线上对应两点间的轴向距离，称为导程，用 P_h 表示。如图 5-1-8 所示。

对于单线螺纹，导程与螺距相等，即：$P_h = P$；

对于多线螺纹，导程等于线数乘螺距，即：$P_h = n \times P$。

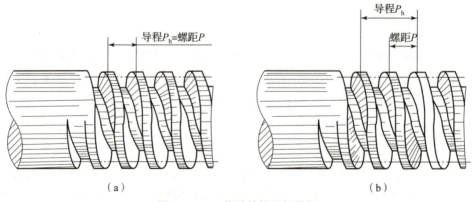

(a)   (b)

图 5-1-8 螺纹的螺距与导程

(a) 单线螺纹；(b) 多线螺纹

5）旋向

螺纹分右旋和左旋两种，顺时针旋转时旋入的螺纹，称为右旋螺纹；逆时针旋转时旋入的螺纹，称为左旋螺纹。如图5-1-9所示。

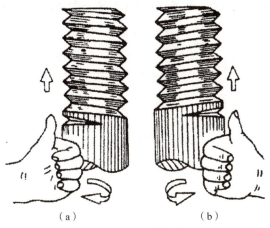

图5-1-9 螺纹的旋向

（a）右旋；（b）左旋

知识点2：外螺纹画法

外螺纹大径用粗实线表示，小径用细实线表示；螺杆的倒角和倒圆部分也要画出；在投影为圆的视图上，表示牙底的细实线只画约3/4圈；螺杆断面的倒角圆省略不画；螺尾一般不画，如图5-1-10所示。

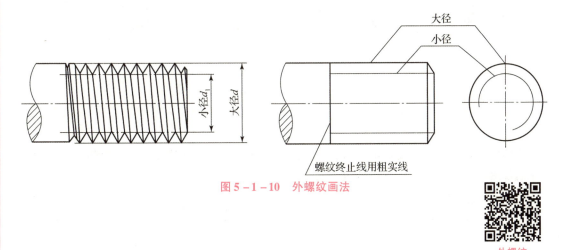

图5-1-10 外螺纹画法

外螺纹

※ 提示 ※

螺纹紧固件应采用简化画法，六角头螺栓的头部曲线可省略不画。螺纹紧固件上的工艺结构，如倒角、退刀槽、缩颈、凸肩等均省略不画。

知识点3：倒角

为了便于孔、轴的装配和去除零件的毛刺、锐边，在轴或孔的端部，一般都加工成倒角。常见倒角为45°，也有30°和60°等。倒角的画法如图5-1-11所示。

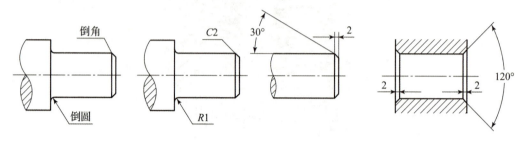

图5-1-11 倒角的画法

知识点4：退刀槽

为了在切削加工时不致损坏刀具，使其能容易地进入或退出加工区，以及在装配时使相邻两个零件贴紧，常在台肩处预先加工出退刀槽或砂轮越程槽，其尺寸可按"槽宽×槽深"或"槽宽×直径"的形式集中标注。如图5-1-12所示。

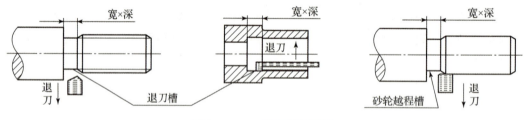

图5-1-12 退刀槽的画法

知识点5：螺纹的规定标注

1. 普通螺纹标记

完整的螺纹标记由螺纹特征代号、尺寸代号、公差带代号及其他有必要做进一步说明的个别信息组成。螺纹特征代号用字母"M"表示。如图5-1-13所示。

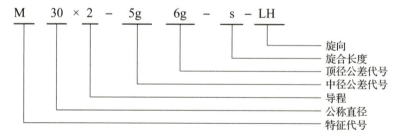

图5-1-13 普通螺纹标记

2. 管螺纹标记

管螺纹分为密封管螺纹和非密封管螺纹，本书主要介绍55°密封管螺纹的标记。

（1）管螺纹的标记由螺纹特征代号和尺寸代号组成。

R_p 表示圆柱内螺纹，R_1 表示圆柱内螺纹相配合的圆锥外螺纹。

（2）当管螺纹为左旋时，应在尺寸代号后加注"LH"。

（3）管螺纹的标记一律注在引出线上，引出线应由大径处引出或由对称中心处引出管螺纹标记的画法，如图 5-1-14 所示。

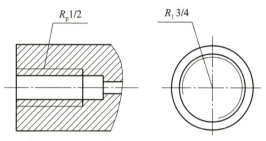

图 5-1-14 管螺纹标记画法

测 试

课堂小测
班级：　　　　　　　　　　　　姓名：
一、填空题 1. 螺纹五要素是（　　）、（　　）、（　　）、（　　）、（　　）。 2. 外螺纹牙顶圆的投影用（　　）线表示，牙底圆的投影用（　　）线表示。 3. 牙底圆直径通常按牙顶圆直径的（　　）倍绘制。 4. 表示牙底圆的细实线圆只画约（　　）圈。 5. 螺纹终止线用（　　）线表示。
二、简答题 1. M16 的含义是什么？   2. M16×1 的含义是什么？

小栏目

雷锋有一种很可贵的精神，即"螺丝钉"精神，任务单中的大国工匠"从维修工到大国工匠，打破国外技术垄断"也正是因为有"螺丝钉"精神。

请同学们分组讨论：什么是"螺丝钉"精神。

任务 5-2　绘制螺母零件图

任务单

任务载体	螺母就是螺帽，它与螺丝、螺栓、螺钉相互配合使用，起连接紧固件的作用，多用于经常需要装拆的场合。下图为六角螺帽（六角螺母）的立体图及视图，请完成螺母三视图的绘制及尺寸标注
职业能力	绘制螺母零件图　　　　对应知识点：1　　　　细节决定成败：树立严肃认真、一丝不苟的工作作风和良好的绘图习惯；每天进行整理，营造整齐的绘图环境 标注内螺纹尺寸　　　　对应知识点：1
计划学时	4 学时
学习要求	按照给定三维立体图形，依据机械制图国家标准规定，正确绘制成螺母零件图。

> 小 贴 士

工欲善其事，必先利其器，请同学们准备好铅笔、圆规、直尺、三角板、壁纸刀、橡皮等绘图工具。

任务分析

任务 5–2–1　读图 5–2–1

子任务 1　请同学们仔细观察图 5–2–1，完成下列问题。

本任务所绘制零件名称：
M10、H7–40 代表什么含义？

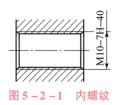

图 5–2–1　内螺纹

微评：改正错误，夯实基础。

任务实施

准备好绘图工具，在 A4 图纸上绘制螺母零件图，比例 1∶1。

提示：

（1）鉴别图纸正反面后贴图。

（2）画底图时，用细实线画出图框线及标题栏。

（3）图面布置要均匀，作图要准确。

（4）按图所给尺寸画底图，然后按图线标准描深、抄注尺寸，最后描深图框线并填写标题栏。

（5）标题栏中，图名、校名用 10 号字书写，其余用 5 号字书写，日期用阿拉伯数字书写。

机械制图

任务评价

填写工作任务评价单。

工作任务评价单

班级		姓名		学号		成绩	
组别		任务名称			参考学时		
序号	评价内容			分数	自评分	互评分	组长或教师评分
1	课前准备（课前预习情况）： 1道预习检测题，对1道题得5分			5			
2	知识链接（完成情况）： 课堂小测成绩×10%			10			
3	任务计划与决策： 讨论决策中起主导作用17~20分，积极参与讨论10~17分，认真思考、听取讨论10分，积极为他人解疑、帮助同学5分			25			
4	任务实施（图线、表达方案、图线布局等）： 图框、标题栏1~5分，布局1~5分，正确绘制1~5分，线型均匀正确1~5分			25			
5	绘图质量： 正确绘制10分，图面整洁度1~10分，粗、细线条清晰度1~5分，尺寸标注1~5分			30			
6	遵守课堂纪律： 出勤1分，按要求完成2分，帮助同学并清理打扫教室卫生2分			5			
	总分			100			
综合评价（自评分×20% + 互评分×40% + 组长或教师评分×40%）							
组长签字：				教师签字：			
学习体会							

强化技能

1. 实践名称

绘制普通内螺纹并标记（普通螺纹 D = M16，性能等级为 5 级，不经表面处理，产品等级为 C 级的六角螺母）。

2. 实践目的

（1）熟悉螺纹组成及特性。

（2）掌握内螺纹画法。

（3）增加对实践课的感性认识。

3. 实践要求

（1）完成普通内螺纹的绘制，绘图比例 1∶1，标注尺寸。

（2）遵守国家标准中图幅、比例、图线、字体、尺寸标注的有关规定，不得任意变动。

（3）同类图线全图粗细一致、字体工整。

（4）树立严肃认真、一丝不苟的工作作风和良好的绘图习惯。

4. 实践提示

（1）鉴别图纸正反面后贴图。

（2）画底图时，用细实线画出图框线及标题栏。

（3）图面布置要均匀，作图要准确。

（4）按图所给尺寸画底图，然后按图线标准描深、抄注尺寸，最后描深图框线并填写标题栏。

（5）标题栏中，图名、校名用 10 号字书写，其余用 5 号字书写，日期用阿拉伯数字书写。

绘制普通的内螺纹并标记。

绘图完成区。

知识链接

内螺纹的画法

知识点1：内螺纹画法

当内螺纹未被剖切时，所有不可见的螺纹图线均用虚线表示。当画剖视图时，在投影为非圆的视图上，螺纹的牙底（大径）用细实线画，螺纹的牙顶（小径）用粗实线画，螺纹终止线用粗实线画，剖面线应画到表示小径的粗实线为止；在投影为圆的视图上，表示螺纹大径的圆用细实线画，并且只需要画3/4圆弧即可，表示螺纹小径的圆用粗实线画。此时，螺孔上倒角的投影圆省略不画。如图5-2-2所示。

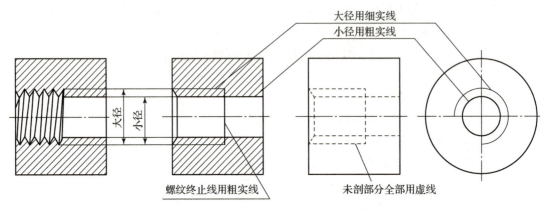

图5-2-2 内螺纹画法

不穿通的螺纹孔，通常由钻孔和攻丝两道加工工序形成。钻孔时孔底会有一个锥坑，是由钻头钻尖顶角（118°）所形成，为简化作图，钻孔底部的圆锥坑均画成120°。画图时，应将钻孔深度和螺纹深度分别画出来。如图5-2-3所示。

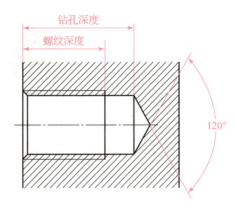

图5-2-3 不穿通孔螺纹孔画法

不可见螺纹孔的所有图线用虚线绘制，如图5-2-4所示。

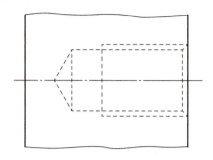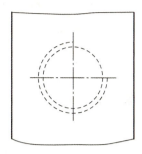

图 5-2-4　不可见螺纹孔画法

※ 提示 ※
六角螺母的头部曲线可省略不画。

测　试

课堂小测
班级：　　　　　　　　　　　　　姓名：
一、填空题 1. 在剖视图或断面图中，内螺纹牙顶圆的投影用（　　　）线表示。 2. 螺纹终止线用（　　　）线表示。 3. 内螺纹牙底圆投影用（　　　）线表示。 4. 剖面线必须画到（　　　）为止。 5. 表示牙底圆的细实线圆画（　　　）圈。 6. 不通孔内螺纹的钻孔角度为（　　　）。

小栏目

"心若止水，在超薄钢板上'绣花'"——他从技校电焊专业毕业后，一直从事焊接工作。因过人的焊接技术，他屡次在重量级大赛中获得名次，2004 年被选拔为国内首批建造 LNG 船的 16 名殷瓦钢焊接技师之一。他在相当于两个鸡蛋壳厚度的殷瓦钢上焊接，稍有不慎就会烧穿，一颗汗珠、一个手印都会使殷瓦钢生锈。这要求焊接工人们不仅要具备精湛技艺，还要有超常耐心和专注度。"细节决定成败"对他来说就是真实的写照。

请同学们谈谈对"细节决定成败"的理解。

任务 5-3　绘制螺栓装配图

任务单

任务载体	螺栓连接是一种广泛使用的可拆卸的固定连接，具有结构简单、连接可靠、装拆方便等优点。下图为螺栓连接示意图，用于连接两个较薄零件。在被连接件上开有通孔，普通螺栓的杆与孔之间有间隙，通孔的加工要求低，结构简单，装拆方便，应用广泛。请根据立体装配视图，完成装配图的绘制 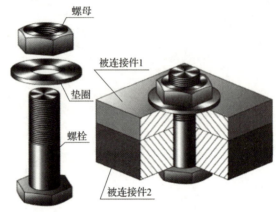		
职业能力	绘制螺栓轴件零件图	对应知识点：1、2	团结就是力量：团队使我们强大，众志成城、互相帮助才能更好地完成任务
	掌握螺栓、螺母标准尺寸	对应知识点：1、2	
计划学时	6 学时		
学习要求	按照给定三维立体图形，依据机械制图国家标准规定，正确绘制成螺栓连接装配图		

小贴士

工欲善其事，必先利其器，请同学们准备好铅笔、圆规、直尺、三角板、壁纸刀、橡皮等绘图工具。

任务分析

任务 5-3-1　度零件图

子任务 1　请同学们仔细观察图 5-3-1，完成下列问题。

本任务所绘制零件名称：

当我们知道螺母和垫圈的国标号后，你是否知道如何获取其尺寸？如何查找？

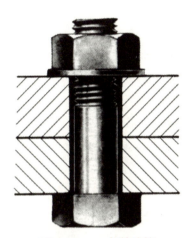

图 5-3-1　螺栓连接

微评：改正错误，夯实基础。

 任务实施

准备好绘图工具，在 A4 图纸上绘制螺栓零件三视图，比例 1∶1。

提示：

（1）鉴别图纸正反面后贴图。

（2）画底图时，用细实线画出图框线及标题栏。

（3）图面布置要均匀，作图要准确。

（4）按图所给尺寸画底图，然后按图线标准描深、抄注尺寸，最后描深图框线并填写标题栏。

（5）标题栏中，图名、校名用 10 号字书写，其余用 5 号字书写，日期用阿拉伯数字书写。

 任务评价

填写工作任务评价单。

工作任务评价单

班级		姓名		学号		成绩	
组别		任务名称			参考学时		
序号	评价内容		分数	自评分		互评分	组长或教师评分
1	课前准备（课前预习情况）： 1 道预习检测题，正确得 5 分		5				
2	知识链接（完成情况）： 课堂小测成绩×10%		10				
3	任务计划与决策： 讨论决策中起主导作用 17~20 分，积极参与讨论 10~17 分，认真思考、听取讨论 10 分，积极为他人解疑、帮助同学 5 分		25				
4	任务实施（图线、表达方案、图线布局等）： 图框、标题栏 1~5 分，布局 1~5 分，正确绘制 1~5 分，线型均匀正确 1~5 分		25				
5	绘图质量： 正确绘制 10 分，图面整洁度 1~10 分，粗、细线条清晰度 1~5 分，尺寸标注 1~5 分		30				
6	遵守课堂纪律： 出勤 1 分，按要求完成 2 分，帮助同学并清理打扫教室卫生 2 分		5				
	总分		100				
综合评价（自评分×20% + 互评分×40% + 组长或教师评分×40%）							
组长签字：				教师签字：			
学习体会							

强化技能

1. 实践名称

通过查表画出螺栓连接装配图 [螺栓连接，被连接件厚度 $t_1 = 20$ mm，$t_2 = 16$ mm；螺栓 GB/T 5782 M12×l（l 根据计算值查表，取标准值）；螺母 GB/T 6170 M12；垫圈 GB/T 97.1 12；绘制螺栓连接装配图]

2. 实践目的

（1）熟悉螺栓连接的形状及结构特点。

（2）掌握螺栓连接的结构要素、主要参数以及结构要素与参数之间的尺寸关系。

（3）能够绘制螺栓连接的装配图。

3. 实践要求

（1）完成螺栓连接装配图的绘制，绘图比例 1∶1。

（2）遵守国家标准中图幅、比例、图线、字体、尺寸标注的有关规定，不得任意变动。

（3）同类图线全图粗细一致、字体工整（工程字）。

（4）树立严肃认真、一丝不苟的工作作风和良好的绘图习惯。

4. 实践提示

（1）鉴别图纸正反面后贴图。

（2）画底图时，用细实线画出图框线及标题栏。

（3）图面布置要均匀，作图要准确。

（4）按图所给尺寸画底图，然后按图线标准描深、抄注尺寸，最后描深图框线并填写标题栏。

（5）标题栏中，图名、校名用 10 号字书写，其余用 5 号字书写，日期用阿拉伯数字书写。

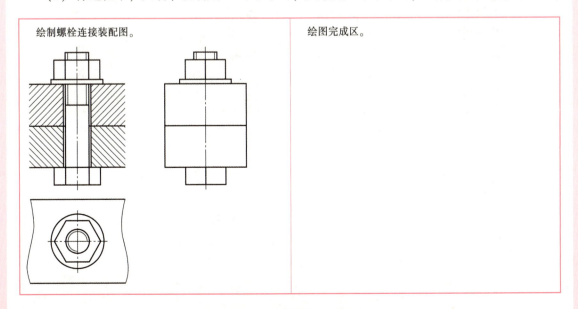

知识链接

知识点1：螺栓连接

螺栓连接
（二维码）

螺栓连接由螺栓、螺母、垫圈组成，通常用于连接两个不太厚的零件。两个被连接的零件上钻有通孔，孔径约为螺栓螺纹大径的1.1倍。

在装配图中，螺纹紧固件可采用查表法或比例法绘制。

螺栓连接的画法如图5-3-2所示。

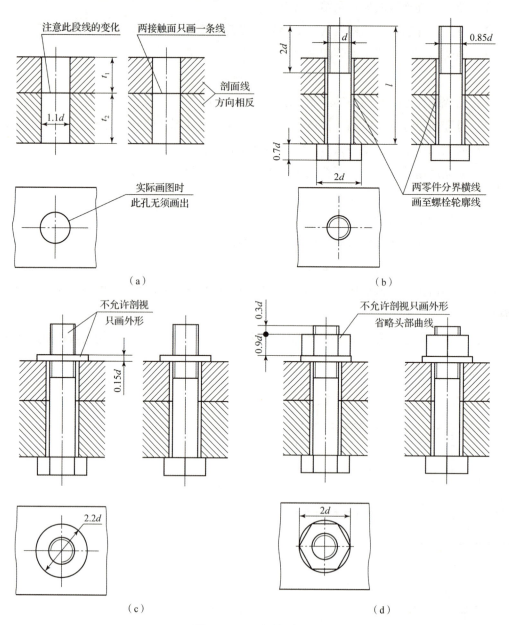

图 5-3-2　螺栓画法

> ❖ 提示 ❖
>
> 画螺纹连接时，表示内、外螺纹牙顶圆投影的粗实线，与牙底圆投影的细实线应分别对齐。

知识点2：螺栓连接绘图注意事项

如图5-3-3所示，画图时应注意下列几点。

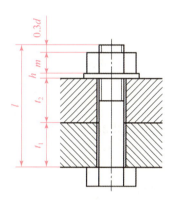

图5-3-3 螺栓连接件

（1）当剖切平面通过螺栓、螺柱、螺钉、螺母及垫圈等标准件的轴线时，应按剖切绘制。

（2）六角头螺栓和六角螺母的头部曲线可省略不画。

（3）两个零件接触面处只画一条粗实线，不得加粗。

（4）在剖视图中，相互接触的两个零件的剖面线方向应相反；而同一个零件的各剖视图中，剖面线的倾斜方向和间隔应相同。

（5）凡不接触的表面，不论间隙多小，均应在图上绘出间隙。

（6）螺纹紧固件上的工艺结构，如倒角、退刀槽、缩颈、凸肩等均省略不画。

（7）螺栓杆部的有效长度 l 应先按下式估算：

$$l = t_1 + t_2 + h + m + 0.3d$$

式中 t_1，t_2——被连接件的厚度；

h——垫圈厚度，根据所选用的垫圈标准编号，从相应的国家标准中查得；

m——螺母厚度允许值的最大值，可根据所选用的螺母标准编号，从相应的国家标准中查得；

$0.3d$——螺栓末端伸出螺母的高度。

根据估算的结果，从相应的国家标准中查找螺栓有效长度 l 系列值，并从中选取一个最接近估算值的标准长度值。

> ❖ 提 示 ❖
>
> 在装配图中,需要绘制螺纹紧固件时,应尽量采用简化画法,既可减少绘图的工作量,又能提高绘图速度,增加图样的明晰度,使图样的重点更加突出。

测 试

课堂小测
班级:　　　　　　　　　　　　姓名:
一、填空题
1. 在装配图中,当剖切平面通过螺杆的轴线时,对于螺栓、螺柱、螺钉、螺母及垫圈等均按(　　　)绘制,即只画外形。 2. 两个零件接触面处只画(　　　)条粗实线。 3. 凡不接触表面,不论间隙多小,均应在图上画出(　　　)。 4. 在剖视图中,相互接触的两个零件的剖面线方向应(　　　)。 5. 同一零件的各剖视图中,剖面线的倾斜方向和间隔应(　　　)。 6. 在装配图中,需要绘制螺纹紧固件时,应尽量采用(　　　)画法,既可减少绘图工作量,又能提高绘图速度。

小栏目

请同学们查找资料:锁头和钥匙的故事。结合本任务的连接件,谈谈自己的感受。

任务 5-4　键、销

任务载体	键连接是通过键实现轴和轴上零件间的周向固定以传递运动和转矩的。键连接可分为平键连接、半圆键连接、楔键连接和切向键连接。下图为平键连接,这种连接具有结构简单、装拆方便、对中性好等优点,因而应用广泛。请根据立体视图,完成零件图绘制

续表

任务载体			
职业能力	键的标记和画法	对应知识点：1	位卑未敢忘忧国：小小的零件，却是整个设备的关键，每一个个体，都是中华强国的一员，加油吧，自信的你
	销的标记和画法	对应知识点：2	
计划学时	6 学时		
学习要求	按照给定三维立体图形，依据机械制图国家标准规定，正确绘制成键、销零件图		

小 贴 士

工欲善其事，必先利其器，请同学们准备好铅笔、圆规、直尺、三角板、壁纸刀、橡皮等绘图工具。

任务分析

任务 5-4-1 仔细观察读图 5-4-1

子任务 1   请同学们仔细观察图 5-4-1，完成下列问题。

说出图 5-4-1 中各键的种类。

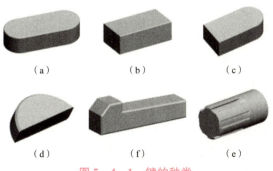

(a)　　　　(b)　　　　(c)

(d)　　　　(f)　　　　(e)

图 5-4-1 键的种类

键画法

微评：改正错误，夯实基础。

任务5-4-2　仔细观察读图5-4-2

销画法

子任务1　请同学们仔细观察图5-4-2，完成下列问题。

说出图5-4-2中各销的种类。

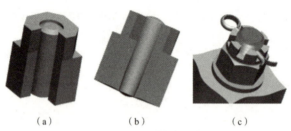

(a)　　　　　(b)　　　　　(c)

图5-4-2　销的种类

微评：改正错误，夯实基础。

 任务实施

准备好绘图工具，在A4图纸上绘制键、销零件图，比例1∶1。

提示：

（1）鉴别图纸正反面后贴图。

（2）画底图时，用细实线画出图框线及标题栏。

（3）图面布置要均匀，作图要准确。

（4）按图所给尺寸画底图，然后按图线标准描深、抄注尺寸，最后描深图框线并填写标题栏。

（5）标题栏中，图名、校名用10号字书写，其余用5号字书写，日期用阿拉伯数字书写。

 任务评价

填写工作任务评价单。

工作任务评价单

班级		姓名		学号		成绩	
组别		任务名称			参考学时		
序号	评价内容			分数	自评分	互评分	组长或教师评分
1	课前准备（课前预习情况）： 1道预习检测题，正确得5分			5			

续表

序号	评价内容	分数	自评分	互评分	组长或教师评分
2	知识链接（完成情况）： 课堂小测成绩×10%	10			
3	任务计划与决策： 讨论决策中起主导作用 17～20 分，积极参与讨论 10～17 分，认真思考、听取讨论 10 分，积极为他人解疑、帮助同学 5 分	25			
4	任务实施（图线、表达方案、图线布局等）： 图框、标题栏 1～5 分，布局 1～5 分，正确绘制 1～5 分，线型均匀正确 1～5 分	25			
5	绘图质量： 正确绘制 10 分，图面整洁度 1～10 分，粗、细线条清晰度 1～5 分，尺寸标注 1～5 分	30			
6	遵守课堂纪律： 出勤 1 分，按要求完成 2 分，帮助同学并清理打扫教室卫生 2 分	5			
	总分	100			
综合评价（自评分×20% + 互评分×40% + 组长或教师评分×40%）					
组长签字：				教师签字：	
学习体会					

强化技能

1. 实践名称

绘制键、销零件图。

2. 实践目的

（1）熟悉键、销特性。

（2）掌握键、销分类及画法。

（3）增加对实践课的感性认识。

3. 实践要求

（1）完成键、销零件图的绘制，绘图比例1∶1，标注尺寸。

（2）遵守国家标准中图幅、比例、图线、字体、尺寸标注的有关规定，不得任意变动。

（3）同类图线全图粗细一致、字体工整。

（4）树立严肃认真、一丝不苟的工作作风和良好的绘图习惯。

4. 实践提示

（1）鉴别图纸正反面后贴图。

（2）画底图时，用细实线画出图框线及标题栏。

（3）图面布置要均匀，作图要准确。

（4）按图所给尺寸画底图，然后按图线标准描深、抄注尺寸，最后描深图框线并填写标题栏。

（5）标题栏中，图名、校名用10号字书写，其余用5号字书写，日期用阿拉伯数字书写。

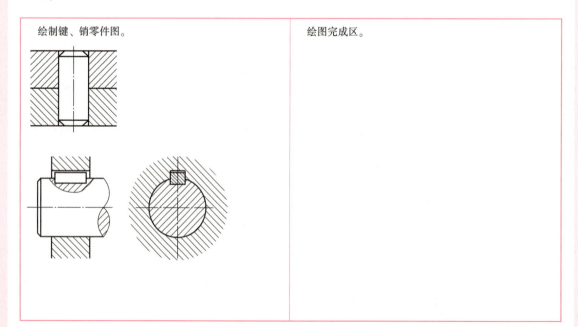

知识链接

知识点1：键画法

1. 常用键及标记

键是标准件，其结构型式及尺寸均已标准化，有相应的规定标记，常用的键有普通平键、半圆键和钩头型楔键。

键通常用来连接轴及轴上的转动零件，如齿轮、皮带轮等，以保证轴及轴上零件同步转动。键的种类如图5-4-3所示。

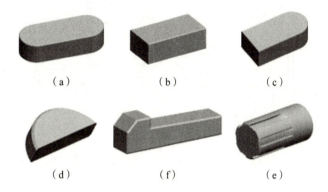

图5-4-3 键的种类

(a) 圆头平键；(b) 平头平键；(c) 单圆头平键；(d) 半圆键；(e) 勾头楔键；(f) 花键

2. 键槽的画法及尺寸标注

链槽的画法及尺寸标注如图5-4-4所示。

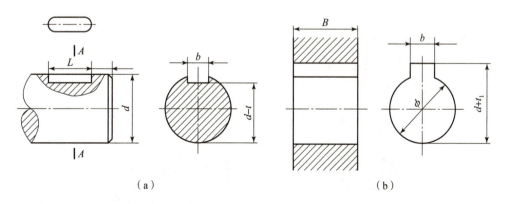

图5-4-4 键槽画法及尺寸标注

3. 键连接装配图的画法

键连接装配图的画法如图5-4-5和图5-4-6所示。

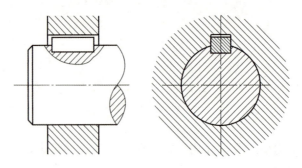

图 5-4-5　普通平键连接装配图的画法

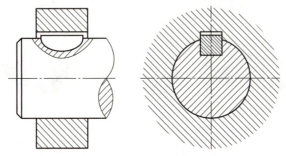

图 5-4-6　半圆键连接装配图的画法

> ❖ 提示 ❖
>
> 　　键连接的画法中，平键与槽在顶面不接触，应画出空隙；平键的倒角省略不画；沿平键的纵向剖切时，平键按不剖处理；横向剖切平键时，要画剖面线。

知识点2：销画法

1. 常用销及标记

销用来连接和固定零件，或在装配时定位用。常用的销有圆柱销、圆锥销、开口销等，如图 5-4-7 所示。圆柱销通常用来将零件固定在轴上，圆锥销通常用于两个零件定位，开口销可用于螺纹紧固件的锁紧防松。

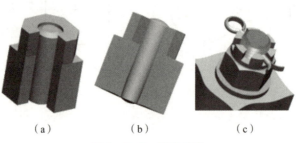

(a)　　　　　　(b)　　　　　　(c)

图 5-4-7　销的种类

(a) 圆柱销；(b) 圆锥销；(c) 开口销

零件上的销孔形状与销相同,为圆柱孔或圆锥孔,在画法上与普通孔的表达一致。如果用销来连接或定位的两个零件是装配在一起加工的,在绘制各自的零件图时应当注明序号。

2. 销的标记

销是标准件,圆柱销和圆锥销的规定标记见表5-4-1。

表5-4-1 圆柱销和圆锥销的规定标记

名称及视图	规定标记示例	标记说明
圆柱销	销 GB/T 119.1 8m6×30	公称直径 d = 8 mm,公差为m6,公称长度 l = 30 mm,材料为钢,不经淬火、不经表面处理的圆柱销
圆柱销	销 GB/T 119.2 8m6×30	公称直径 d = 8 mm,公差为m6,公称长度 l = 30 mm,材料为钢,A 型(普通淬火),经表面氧化处理的圆柱销
圆锥销	销 GB/T 117 8×30	公称直径 d = 8 mm,公称长度 l = 30 mm,材料为35号钢,热处理硬度 28~38 HRC,经表面氧化处理的 A 型圆锥销

3. 销连接装配图的画法

销连接装配图的画法如图5-4-8和图5-4-9所示。

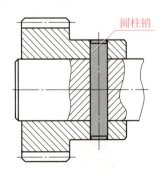

图5-4-8 圆柱销连接装配图的画法

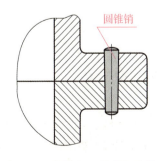

图5-4-9 圆锥销连接装配图的画法

> ❖ 提示 ❖
> (1) 圆锥销的公称直径是指小端直径。
> (2) 在销连接的画法中,当剖切平面沿销的轴线剖切时,销按不剖处理;垂直销的轴线剖切时,要画剖面线。
> (3) 销的倒角(或球面)可省略不画。

测 试

课堂小测
班级:　　　　　　　　　　姓名:
一、填空题
1. 普通平键有(　　)种类型,分别为(　　)、(　　)、(　　)。 2. 选择平键时,从标准中查取键的截面尺寸 $b \times h$,然后按(　　)宽度 B 选定键长 L,一般 $L = B - (5 - 10\ mm)$,并取 L 为(　　)值。 3. 在键连接的画法中,平键与槽在顶面(　　)(填接触或者不接触),应画出(　　)。 4. 平键的倒角省略(　　)。 5. 沿平键的纵向剖切时,平键按(　　)处理;横向剖切平键时,要画(　　)。
二、判断题(正确打√,错误打×)
1. 圆锥销的公称直径是指大端直径。(　　) 2. 在销连接的画法中,当剖切平面沿销的轴线剖切时,销按不剖处理。(　　) 3. 在销连接的画法中,并垂直销的轴线剖切时,不画剖面线。(　　) 4. 销的倒角可省略不画。(　　)

小 栏 目

"位卑未敢忘忧国""国家兴亡,匹夫有责",爱国无关地位高低,担责无关男女老幼,学生时期,我们应该如何做才是爱国?

任务 5-5　绘制直齿圆柱齿轮件

任务载体	齿轮传动是指由齿轮副传递运动和动力的装置,它是现代各种设备中应用最广泛的一种机械传动方式。它的传动比较准确,效率高,结构紧凑,工作可靠,寿命长。下图为实际生产和使用当中最常见齿轮之一的直齿圆柱齿轮。请根据立体视图,完成零件图绘制

项目5 绘制并识读螺纹件三视图

续表

任务载体			
职业能力	掌握啮合的规定画法	对应知识点：1、2、4	我们都是齿轮上的一齿，密切协作，相互配合，以己之长，补他人之短，用善良、真诚为动力，咬合越密，运转越快
	掌握直齿圆柱尺寸	对应知识点：3	
计划学时	4学时		
学习要求	按照给定三维立体图形，依据机械制图国家标准规定，正确绘制成直齿圆柱齿轮零件图		

小 贴 士

<u>工欲善其事必先利其器</u>，请同学们准备好铅笔、圆规、直尺、三角板、壁纸刀、橡皮等绘图工具。

 任务分析

任务 5-5-1　读零件图

子任务1　请同学们仔细观察图 5-5-1，完成下列问题。

结合教材或通过网络资料，在下面列出图5-5-1所示的按照相对位置啮合齿轮的三种类型。

图 5-5-1 齿轮种类

微评：改正错误，夯实基础。

子任务 2　请同学们仔细想一想，在图 5-5-2 中标注代号并于表 5-5-1 中填写齿轮上各个部分的名称。

表 5-5-1　齿轮各部分名称

代号	名称	代号	名称
d_a		h_a	
d_f		h_f	
d		f	
s		e	
p		b	

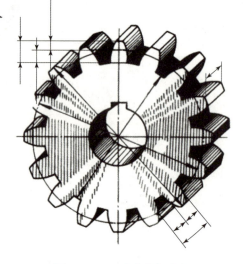

微评：改正错误，夯实基础。

图 5-5-2　直齿圆柱齿轮

任务实施

准备好绘图工具，在 A4 图纸上绘制直齿圆柱齿轮零件图，比例 1∶1。

提示：

（1）鉴别图纸正反面后贴图。

（2）画底图时，用细实线画出图框线及标题栏。

（3）图面布置要均匀，作图要准确。

（4）按图所给尺寸画底图，然后按图线标准描深、抄注尺寸，最后描深图框线并填写标题栏。

（5）标题栏中，图名、校名用 10 号字书写，其余用 5 号字书写，日期用阿拉伯数字书写。

任务评价

填写工作任务评价单。

项目5 绘制并识读螺纹件三视图

工作任务评价单

班级		姓名			学号		成绩	
组别		任务名称				参考学时		
序号	评价内容			分数	自评分	互评分	组长或教师评分	
1	课前准备（课前预习情况）： 1 道预习检测题，正确得 5 分			5				
2	知识链接（完成情况）： 课堂小测成绩×10%			10				
3	任务计划与决策： 讨论决策中起主导作用 17~20 分，积极参与讨论 10~17 分，认真思考、听取讨论 10 分，积极为他人解疑、帮助同学 5 分			25				
4	任务实施（图线、表达方案、图线布局等）： 图框、标题栏 1~5 分，布局 1~5 分，正确绘制 1~5 分，线型均匀正确 1~5 分			25				
5	绘图质量： 正确绘制 10 分，图面整洁度 1~10 分，粗、细线条清晰度 1~5 分，尺寸标注 1~5 分			30				
6	遵守课堂纪律： 出勤 1 分，按要求完成 2 分，帮助同学并清理打扫教室卫生 2 分			5				
	总分			100				
综合评价（自评分×20% + 互评分×40% + 组长或教师评分×40%）								
组长签字：					教师签字：			
学习体会								

 强化技能

1. 实践名称

已知齿顶圆直径为 244.4 mm，齿数为 96 mm，分析齿轮的各个几何要素，通过计算出的尺寸绘制直齿圆柱齿轮零件图。

2. 实践目的

（1）熟悉直齿圆柱齿轮的形状及结构特点。

（2）掌握直齿圆柱齿轮的结构要素、主要参数以及结构要素与参数之间的尺寸关系。

（3）能够绘制一级直齿圆柱齿轮的零件图。

3. 实践要求

（1）完成直齿圆柱齿轮零件图的绘制，绘图比例1∶1，标注尺寸。

（2）遵守国家标准中图幅、比例、图线、字体、尺寸标注的有关规定，不得任意变动。

（3）同类图线全图粗细一致、字体工整。

（4）树立严肃认真、一丝不苟的工作作风和良好的绘图习惯。

4. 实践提示

（1）鉴别图纸正反面后贴图。

（2）画底图时，用细实线画出图框线及标题栏。

（3）图面布置要均匀，作图要准确。

（4）按所给尺寸画底图，然后按图线标准描深、抄注尺寸，最后描深图框线并填写标题栏。

（5）标题栏中，图名、校名用10号字书写，其余用5号字书写，日期用阿拉伯数字书写。

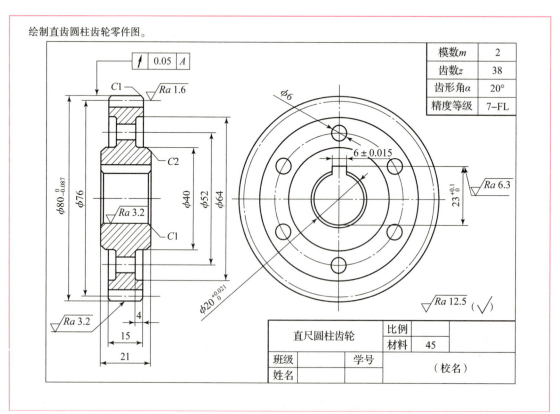

续表

绘图完成区。

知识链接

知识点1：直齿圆柱齿轮各部分的名称及代号

直齿圆柱齿轮组成部分如图5-5-3所示。

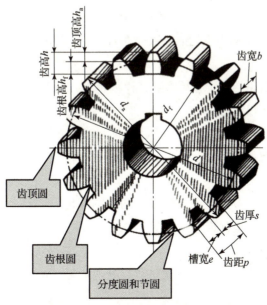

图5-5-3　直齿圆柱齿轮组成部分

1. 齿顶圆

通过圆柱齿轮齿顶的圆柱面称为齿顶圆柱面。齿顶圆柱面与端平面的交线称为齿顶圆,直径用 d_a 表示。

2. 齿根圆

通过圆柱齿轮齿根的圆柱面称为齿根圆柱面,齿根圆柱面与端平面的交线称为齿根圆,直径用 d_f 表示。

3. 分度圆和节圆

齿轮设计和加工时,计算尺寸的基准圆称为分度圆,直径用 d 表示。

两齿轮啮合时,位于连心线 O_1O_2 上两齿廓的接触点 C 称为节点,分别以 O_1、O_2 为圆心,O_1C、O_2C 为半径作两个相切的圆即为节圆,直径为 d'。

4. 齿高、齿顶高、齿根高

齿顶圆与齿根圆之间的径向距离称为齿高,用 h 表示;

齿顶圆与分度圆之间的径向距离称为齿顶高,用 h_a 表示;

齿根圆与分度圆之间的径向距离称为齿根高,用 h_f 表示。

5. 齿距、齿厚、齿槽宽

在分度圆上,相邻两齿对应两点间的弧长称为齿距,用 p 表示。

轮齿的弧长称为齿厚,用 s 表示。

轮齿之间的弧长称为槽宽,用 e 表示。$p = s + e$,对于标准齿轮 $s = e$。

6. 齿数

一个齿轮上轮齿的个数称为齿数,用 z 表示。

7. 模数

齿轮的齿数为 z,分度圆周长 $L = \pi \cdot d = z \cdot p$,则

$$d = z \cdot p / \pi$$

为计算方便,比值 p/π 称为齿轮的模数,即 $m = p/\pi$,单位为 mm,所以

$$d = mz$$

模数是设计和制造齿轮的一个重要参数,模数越大,轮齿就越大;模数越小,轮齿就越小。加工齿轮的刀具选择以模数为准。

模数是设计和制造齿轮的基本参数。为了设计和制造方便,已经将模数标准化。直齿圆柱齿轮的模数如图 5-5-4 所示。

8. 压力角

一对啮合齿轮的齿廓在节点处的公法线与两节圆公切线所夹的锐角称为压力角,也称齿形角,用 α 表示。

我国标准齿轮的压力角为 20°。

一对装配准确的标准齿轮,压力角就是节点处两齿轮受力方向与运动方向的夹角。

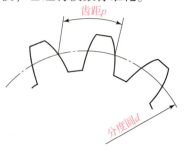

图 5-5-4 直齿圆柱齿轮模数

9. 中心距

两啮合齿轮轴线间的距离称为中心距，用 a 表示，如图 5-5-5 所示。

装配准确的标准齿轮的中心距为

$$a = (d_1 + d_2)/2 = m(z_1 + z_2)/2$$

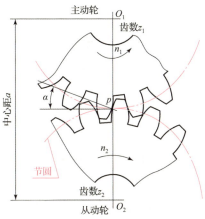

图 5-5-5　直齿圆柱齿轮中心距

知识点 2：标准直齿圆柱齿轮各基本尺寸的计算

在设计齿轮时，首先要确定齿数和模数，其他各部分尺寸都可由齿数和模数计算出来，见表 5-5-2。

表 5-5-2　标准直齿圆柱齿轮各部分的计算公式

基本参数：模数 m，齿数 z		
名称	符号	计算公式
模数	m	$m = d/z = p/\pi$
齿顶高	h_a	$h_a = m$
齿根高	h_f	$h_f = 1.25\,m$
齿高	h	$h = 2.25\,m$
分度圆直径	d	$d = mz$
齿顶圆直径	d_a	$d_a = m(z+2)$
齿根圆直径	d_f	$d_f = m(z-2.5)$
中心距	a	$a = m(z_1 + z_2)/2$

知识点 3：直齿轮的规定画法

1. 单个直齿圆柱齿轮的画法

齿轮一般用两个视图表示，主视图上的齿轮轴线水平放置，左视图是反映圆的视图。如果主视图采用视图画法，则齿顶圆和齿顶线用粗实线绘制；分度圆和分度线用点画线绘制；齿根圆和齿根线用细实线绘制，也可省略。如图 5－5－6 所示。

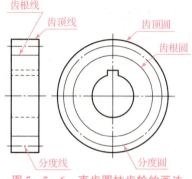

图 5－5－6　直齿圆柱齿轮的画法

1）剖视画法（见图 5－5－7）

如果主视图采用剖视图，齿顶圆和齿顶线用粗实线绘制；分度圆和分度线用点画线绘制；齿根线用粗实线绘制，齿根圆可省略。

当剖切平面通过齿轮的轴线时，轮齿一律按不剖处理。

2）视图画法（见图 5－5－8）

若不作剖视，则齿根线可省略不画。如图 5－5－8 所示。

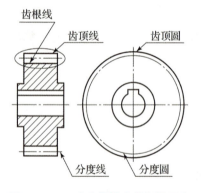

图 5－5－7　直齿圆柱齿轮剖视画法

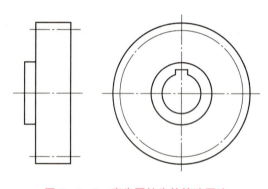

图 5－5－8　直齿圆柱齿轮简略画法

2. 直齿轮啮合时的规定画法

1）视图画法（见图 5－5－9）

（1）在非啮合区：按单个齿轮的画法绘制。

（2）在啮合区：在垂直于圆柱齿轮轴线的视图（反映圆的视图）中，啮合区内两轮的齿顶圆用粗实线绘制或省略不画，两节圆相切。

在平行于圆柱齿轮轴线的视图中，若不剖，则齿顶线不画，节线用粗实线绘制。

2）剖视画法（见图 5－5－10）

当剖切平面通过两啮合齿轮的轴线时，在啮合区内，两轮的节线（标准齿轮为分度线）重合为一条点画线，齿根线都画成粗实线，一个齿轮的齿顶线画成粗实线，另一个齿轮的齿顶线画成虚线或省略不画。齿顶和齿根的间隙为 $0.25\ m$。

当剖切平面不通过啮合齿轮的轴线时，齿轮一律按不剖绘制。

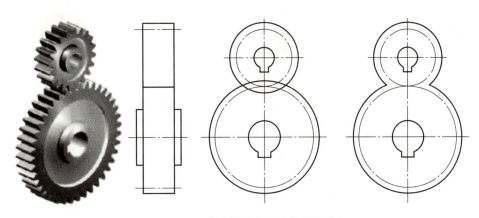

图 5-5-9 直齿圆柱齿轮啮合视图画法

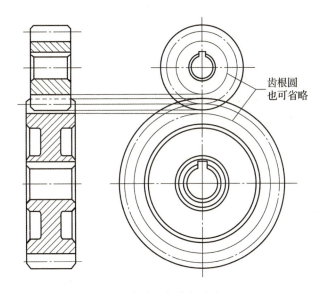

图 5-5-10 直齿圆柱齿轮啮合剖视画法

3. 直齿轮测绘

根据齿轮实物，通过测量和计算，确定主要参数并绘制齿轮零件图的过程，称为齿轮测绘。直齿轮测绘步骤如下。

（1）确定齿数 z。

（2）测量顶圆直径 d_a。偶数齿可以直接测量，奇数齿要先测量齿轮孔径 D 和齿顶到孔壁的径向距离 H，再计算齿顶圆直径 $d_a = 2H + D$。

（3）确定模数 m。可按 d_a 计算公式导出，即 $m = d_a/(z+2)$，即可计算出模数，然后在标准模数表中取与其最为接近的标准模数。

（4）根据标准模数，重新计算出轮齿部分的各基本尺寸，齿轮的其他尺寸按实际测量获得。

（5）绘制零件图。

测 试

课堂小测
班级：   姓名：
一、填空题
1. 在视图中，直齿轮的齿顶线用（   ）线绘制。 2. 在视图中，齿轮分度线用（   ）线绘制。 3. 在视图中，齿轮齿根线用（   ）线绘制。 4. 当剖切平面通过直齿轮的轴线时，齿轮一律按（   ）处理，不画（   ）线。
二、判断题（正确打√，错误打×）
1. 剖视画法中，齿轮齿根线用粗实线绘制。（   ） 2. 在表示直齿轮端面的视图中，齿顶圆用细实线绘制。（   ） 3. 在表示直齿轮端面的视图中，齿根圆用细实线绘制，不能省略不画。（   ） 4. 在垂直于直齿轮轴线投影面的视图中，两直齿轮节圆应相切。（   ） 5. 在垂直于直齿轮轴线的投影面的视图中，啮合区内的齿顶圆均用粗实线绘制，也可将啮合区内的齿顶圆省略不画。（   ）

项目实施

请同学们自查是否实现本项目目标，并准备好绘图工具，按 1∶1 的比例在 A4 图纸上完成习题集任务。

注意事项：

（1）绘制图形时，留足标注尺寸的位置，使图形布置均匀。

（2）画底稿时，连接弧的圆心及切点要准确。

（3）加深时按先粗后细、先曲后直、先水平后垂直、倾斜的顺序绘制，尽量做到同类图线规格一致，连接光滑。

（4）尺寸标注应符合规定，不要遗漏尺寸和箭头。

（5）注意保持图面整洁。

小栏目

请同学们查找相关资料，谈一谈什么是"齿轮精神"。

项目6　徒手绘制简单零件图

 项目导读

通过任务6-1的学习，学生能根据实物确定零件的表达方式，并徒手完成简单零件图的绘制。在制图过程中，养成精益求精、不断探索、勇于创新的大国工匠精神。

任务6-1　绘制垫片平面图形

 任务单

| 任务载体 | 垫片是两个物体之间的机械密封，通常用以防止两个物体之间受到压力、腐蚀及管路自然地热胀冷缩泄漏。下图为圆角垫片，请徒手完成该图形的绘制及尺寸标注 |

续表

职业能力	徒手绘制垫片零件图	对应知识点：1、2、3、4	熟能生巧，巧能生精。
计划学时	2 学时		
学习要求	按照给定的垫片零件，依据机械制图国家标准规定，徒手绘制零件图		

小 贴 士

<u>工欲善其事，必先利其器</u>，请同学们准备好铅笔、圆规、直尺、三角板、壁纸刀、橡皮等绘图工具。

任务分析

任务6-1-1 识读垫片平面图形

子任务1 工具

请同学们想一想，徒手绘制零件图需要哪些工具。

工具：

徒手草图仍应基本做到：图形_____，线型_____，比例_____，字体_____，图面_____。

微评：改正错误，夯实基础。

子任务2 尺寸标注

请同学们认真观察图 6-1-1 所示图形，明确图中所标注尺寸的含义。

2×φ10：
100：
φ10：
t2：
75°：

项目6 徒手绘制简单零件图

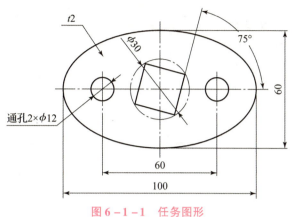

图6-1-1 任务图形

任务6-1-2 徒手绘制零件图

子任务1 徒手绘制直线

请同学们认真完成徒手绘制横线、竖线、由右上至左下斜线以及由左上至右下斜线。

横线	竖线	由右上至左下斜线	由左上至右下斜线

微评：改正错误，夯实基础。

子任务2 徒手绘制圆

请同学们徒手完成圆的绘制。

微评：改正错误，夯实基础。

子任务3 徒手绘制椭圆

请同学们徒手完成椭圆的绘制。

微评：改正错误，夯实基础。

子任务 4　徒手等分线段

请同学们徒手完成等分线段。

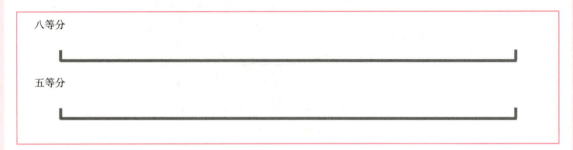

微评：改正错误，夯实基础。

子任务 5　徒手绘制角度线

请同学们徒手完成角度线的绘制。

45°	30°	60°	75°

微评：改正错误，夯实基础。

子任务 6　徒手绘制三视图

请同学们拿出 A4 图纸，画好图框和标题栏，按照任务单中给定的平面组合体完成其三视图的绘制。

微评：改正错误，夯实基础。

 任务实施

在 A4 图纸上徒手完成垫片平面图形的绘制。

准备好绘图工具，在 A4 图纸上徒手完成垫片平面图形的绘制，比例 1∶1。

提示：

（1）鉴别图纸正反面后贴图。

（2）画底图时，用细实线画出图框线及标题栏。

（3）图面布置要均匀，作图要准确。

（4）按图所给尺寸画底图，然后按图线标准描深、抄注尺寸，最后描深图框线并填写标题栏。

（5）标题栏中，图名、校名用 10 号字书写，其余用 5 号字书写，日期用阿拉伯数字书写。

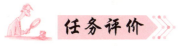

填写工作任务评价单。

工作任务评价单

班级		姓名		学号		成绩	
组别		任务名称			参考学时		
序号	评价内容			分数	自评分	互评分	组长或教师评分
1	课前准备（课前预习情况）： 5 道预习检测题，对 1 道题得 1 分			5			
2	知识链接（完成情况）： 课堂小测成绩×10%			10			
3	任务计划与决策： 讨论决策中起主导作用 17～20 分，积极参与讨论 10～17 分，认真思考、听取讨论 10 分，积极为他人解疑、帮助同学 5 分			25			
4	任务实施（图线、表达方案、图线布局等）： 图框、标题栏 1～5 分，布局 1～5 分，正确绘制 1～5 分，线型均匀正确 1～5 分			25			
5	绘图质量： 正确绘制 10 分，图面整洁度 1～10 分，粗、细线条清晰度 1～5 分，尺寸标注 1～5 分			30			
6	遵守课堂纪律： 出勤 1 分，按要求完成 2 分，帮助同学并清理打扫教室卫生 2 分			5			
	总分			100			
综合评价（自评分×20% + 互评分×40% + 组长或教师评分×40%）							
组长签字：					教师签字：		
学习 体会							

强化技能

1. 实践名称

徒手绘制垫片平面图形。

2. 实践目的

（1）熟悉有关徒手绘制零件图的制图标准。

（2）掌握徒手绘制平面图形的方法。

（3）增加对实践课的感性认识。

3. 实践要求

（1）能够完成平面图形的徒手绘制。

（2）在绘图过程中，要严格按照国家标准的有关规定进行绘图，不得任意变动。

（3）要保持精益求精的工作态度，养成良好的绘图习惯。

4. 实践提示

（1）使用 HB 铅笔绘制草图。

（2）图纸采用有色线的格纸。

（3）按照国家标准绘制草图图纸幅面为 A4，图框为不带装订边。

（4）标题栏尺寸为 120 mm×21 mm。

（5）绘图前要进行尺寸分析。

（6）图面布置要均匀，作图要准确。

1. 徒手绘制如下平面图形。

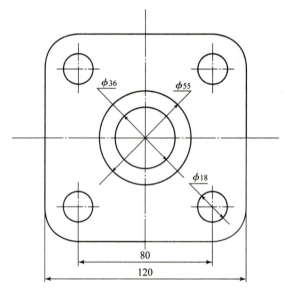

续表

绘图完成区。

 知识链接

知识点1：徒手绘图

1. 定义

徒手绘图是一种不用绘图仪器和工具，而按目测比例徒手画出图样的绘图方法。

2. 基本要求

徒手绘图仍应基本做到：图形正确，线型分明，比例匀称，字体工整，图面整洁。

3. 工具

徒手绘图一般先用HB或B、2B铅笔，常在印有色线的格纸上画图。

知识点2：徒手绘图方法

1. 直线

水平线由左向右画，铅垂线由上向下画，如图6-1-2所示。

图6-1-2 徒手绘制直线

2. 等分线段

等分线段时，根据等分数的不同，应凭目测先分成相等或成一定比例的两（或几）大段，然后再逐步分成符合要求的多个相等小段，如图6-1-3所示。

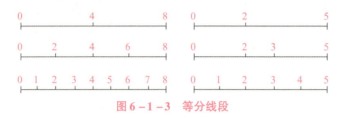

图6-1-3 等分线段

3. 圆

画圆时，先徒手作两条互相垂直的中心线，定出圆心，再根据直径大小，通过目测估计半径大小，在中心线上截得四点，然后徒手将各点连接成圆，如图6-1-4所示。

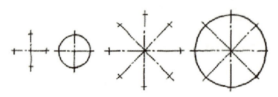

图6-1-4 徒手画圆

4. 椭圆

根据椭圆的长、短轴，目测定出其端点位置，过四个端点画一矩形，徒手作椭圆与此矩形相切，如图6-1-5所示。

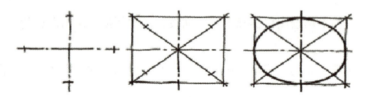

图6-1-5 徒手画椭圆

知识点3：徒手绘图的一般步骤

步骤1：首先应了解零件的名称、材料，以及它在机器或部件中的位置、作用及其与相邻零件的关系，然后对零件的内部结构进行分析。

步骤2：确定表达方案。

先根据显示形状特征的原则，按零件的加工位置或工作位置确定主视图，再按零件的内外结构特点，选用必要的其他视图或剖视图、断面图等表达方法，经过比较最后选择最佳表达方案。

步骤3：画零件草图。

首先，在图纸上定出各视图的位置，画出各视图的对称中心线和作图基准线。布置视图时，要考虑到各视图间留有标注尺寸的位置。

其次，以目测比例详细地画出零件的结构形状。

然后，选定尺寸基准，按正确、完整、清晰以及尽可能合理地标注尺寸的要求，画出全部尺寸界限、尺寸线和箭头，经仔细校核后按规定线型将图线加深。

最后，逐个量注尺寸，标注技术要求和标题栏。

知识点4：徒手绘图的注意事项

（1）零件上的制造缺陷（如砂眼、气孔等）以及由于长期使用造成的磨损、碰伤等，均不应画出。

（2）零件上的细小结构（如铸造圆角、倒角、退刀槽、砂轮越程槽、凸台、凹坑等）必须画出。

（3）有配合关系的尺寸，一般只需测出它的基本尺寸，其配合性质和相应的公差值应在分析后，查阅有关手册确定。

（4）没有配合关系的尺寸或不重要的尺寸，允许将测量所得的尺寸适当圆整（调整为整数值）。

（5）对螺纹、键槽、齿轮的轮齿等标准结构的尺寸，应把测量结果与标准值核对，一般均采用标准的结构尺寸，以便于制造。

测　试

课堂小测

班级：　　　　　　　　　　　　　姓名：

一、填空题

1. 徒手绘图一般先用_____或_____、_____铅笔，常在印有色线的格纸上画图。
2. 徒手画直线，水平线由_____向_____画，铅垂线由_____向_____画。
3. 徒手八等分线段，先目测取得中点_____，再取分点_____、_____，最后取其余分点_____、_____、_____、_____。
4. 徒手五等分线段，先目测将线段分成_____，得分点_____，再得分点_____，最后取得分点_____和_____。
5. 徒手绘制椭圆，根据椭圆的长、短轴，目测定出其_____位置，过四个端点画一_____，徒手作椭圆与此矩形_____。
6. 徒手画圆时，先徒手作_____，定出_____，再根据直径大小，通过目测估计半径大小，在中心线上截得四点，然后徒手将各点连接成圆。
7. 徒手画10°、15°等角度线，可先画出_____角后，再等分求得。

项目实施

请同学们自查是否实现本项目目标，并准备好绘图工具，按 1∶1 的比例在 A4 图纸上完成习题集任务。

注意事项：

（1）绘制图形时，留足标注尺寸的位置，使图形布置均匀。

（2）画底稿时，连接弧的圆心及切点要准确。

（3）加深时按先粗后细，先曲后直，先水平后垂直、倾斜的顺序绘制，尽量做到同类图线规格一致，连接光滑。

（4）尺寸标注应符合规定，不要遗漏尺寸和箭头。

（5）注意保持图面整洁。

小栏目

耳熟能详的《卖油翁》的故事告诉我们一个道理：熟能生巧，巧能生精，结合任务 6－1 绘制垫片平面图形任务单中二维码的大国工匠的事迹，谈谈你的想法。

项目7　测绘一级直齿圆柱齿轮减速器从动轴

项目导读

通过任务7-1的学习，学生能够了解和分析零件，确定零件的表达方案，初步掌握零件测绘的基本技能和绘制零件图的方法。同时进一步培养学生认真、细致的工作作风，提高学生的自主学习能力、分析表达能力和团队协作能力。

任务7-1　测绘一级直齿圆柱齿轮减速器从动轴

任务单

任务载体	机械传动主要是指利用机械方式传递动力和运动的传动，其在机械工程中应用非常广泛。下图为一级直齿圆柱齿轮减速器从动轴，是靠主动件与其啮合或借助中间件啮合传递动力或运动的啮合传动。请根据立体视图，完成零件图的绘制 		
职业能力	确定工艺结构	对应知识点：1	差之毫厘谬以千里：严谨认真的工作态度是测量准确的关键，也是避免安全事故的关键
	规范标注尺寸	对应知识点：2、3	
	规范表面粗糙度标注	对应知识点：4	
	规范标注形位公差	对应知识点：5	
计划学时	6学时		
学习要求	按照给定的零件，依据机械制图国家标准规定，合理选用测量工具，完成零件测绘		

小 贴 士

工欲善其事，必先利其器，请同学们准备好铅笔、圆规、直尺、三角板、壁纸刀、橡皮等绘图工具及测量用具。

一、游标卡尺

游标卡尺是一种常用的量具，适用于中等精度尺寸的检验和测量，具有结构简单、使用方便、测量尺寸范围大等特点，可以用它来测量零件的外径、内径、长度、宽度、深度、孔距等，应用范围很广，如图7－1－1所示。

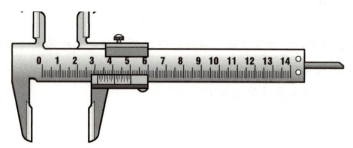

图7－1－1　游标卡尺

任务分析

零件尺寸测量

任务7－1－1　读图7－1－2

子任务1　了解和分析测绘对象　请同学们仔细观察测绘任务零件，如图7－1－2所示，完成下列问题。

通过观察零件，了解零件的名称、用途及其在机器中的位置和作用。
该零件的名称为_____，其主要功用是装在轴承中支承_____并传递_____。

图7－1－2　一级直齿圆柱齿轮减速器从动轴

微评：改正错误，夯实基础。

子任务2　请同学们仔细观察零件，完成下列问题。

该零件结构特点：这是一个_____轴，由_____个轴段组成，其中两个轴段上有_____；轴的两端有_____，_____是在加工过程中留下的工艺孔。

微评：改正错误，夯实基础。

子任务3 请同学们目测零件的尺寸，完成下列问题。

该零件可采用_____比例绘制。

微评：改正错误，夯实基础。

子任务4 请同学们根据零件的结构特点，完成下列问题。

(1) 为完整、清晰地表达零件，可以采用_____个基本视图。
(2) 为了表达清楚轴上的键槽，可以采用_____来表达键槽的宽度和深度；其上的砂轮越程槽可以采用_____来表达。

微评：改正错误，夯实基础。

任务7-1-2 绘制零件图

子任务1 请同学们结合知识链接和上述分析，归纳总结绘制草图的步骤。

微评：改正错误，夯实基础。

子任务2 请同学们在下列区域完成给定零件草图的绘制。

绘图完成区。

子任务3　请同学们拿出A4图纸，画好图框和标题栏，按照任务单中给定的零件画零件草图。

微评：改正错误，夯实基础。

 任务实施

在图纸上完成一级直齿圆柱齿轮减速器从动轴零件图的绘制。

 任务评价

填写工作任务评价单。

工作任务评价单

班级		姓名		学号		成绩	
组别		任务名称				参考学时	
序号	评价内容			分数	自评分	互评分	组长或教师评分
1	课前准备（课前预习情况）			5			
2	知识链接（完成情况）			10			
3	任务计划与决策			25			
4	任务实施（测量尺寸、表达方案的确定等）			25			
5	绘图质量			30			
6	遵守课堂纪律			5			
	总分			100			
综合评价（自评分×20% + 互评分×40% + 组长或教师评分×40%）							
组长签字：				教师签字：			
学习体会							

强化技能

1. 实践名称

填料压盖。

2. 实践目的

（1）熟悉零件测绘的方法和步骤。

（2）掌握测量方法和测绘工具的正确使用。

（3）增加对实践课的感性认识。

3. 实践要求

（1）遵守国家标准中关于比例、图线、尺寸标注、技术要求及标题栏的有关规定，不得任意变动。

（2）根据零件草图，测量零件尺寸并选择技术要求。

（3）读取测量数值，树立严肃认真、一丝不苟的工作作风和良好的绘图习惯。

4. 实践提示

（1）绘制草图，应在徒手、目测的条件下进行，不能使用绘图仪器。

（2）图中的线型、字体按标准要求绘制。

（3）测量尺寸时应注意，对于重要尺寸应尽量优先测量。

（4）标注尺寸时，应在零件图上将尺寸线全部注出，并检查有无遗漏后再用测量工具一次把所需尺寸量出填写，切忌边测量尺寸边画尺寸线和标注尺寸数字等。

（5）在画零件图时，标注尺寸不能照抄零件草图中的尺寸。草图中的尺寸较多，画零件图时应重新调整。

绘制零件草图。

续表

绘图完成区。

 知识链接

知识点1　基本视图

当机件的形状结构复杂时，用三个视图不能清晰地表达机件的右面、底面和后面形状。为了满足要求，根据国标规定，在原有三个投影面的基础上再增设三个投影面，组成一个六面体，该六面体的六个表面称为基本投影面，如图7-1-3所示。将机件放在六个基本投影面体系内，分别向基本投影面投影所得的视图称为基本视图。

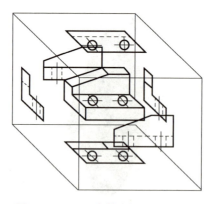

图7-1-3　六个基本投影面立体图

由前向后投射所得到的视图——主视图；
由上向下投射所得到的视图——俯视图；
由左向右投射所得到的视图——左视图；

由右向左投射所得到的视图——右视图；

由下向上投射所得到的视图——仰视图；

由后向前投射所得到的视图——后视图。

这六个视图为基本视图，展开的方法如图7-1-4所示，投影面展开后，各视图之间仍然保持"长对正、高平齐、宽相等"的投影规律。基本视图的配置关系如图7-1-5所示。

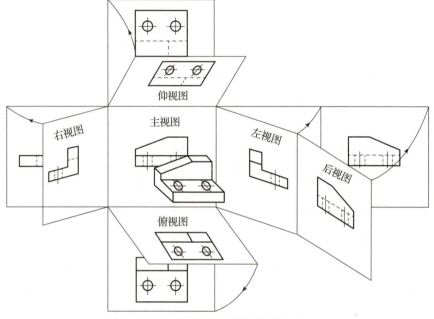

图7-1-4 基本投影面及展开

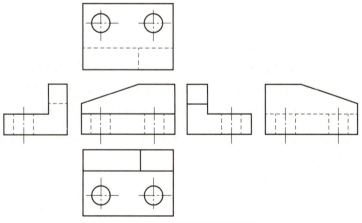

图7-1-5 基本视图的配置关系

各基本视图按图7-1-5所示配置时，不标注视图的名称。

虽然机件可以用六个基本视图表示，但是在实际应用时并不是所有的机件都需要画六个基本视图，应针对机件的结构形状、复杂程度具体分析，视情况选择视图的数量，在完整、清晰地表达机件结构和形状的同时，要力求简便，避免不必要的重复表达。

知识点2　向视图

在实际绘图中，为了合理利用图纸，可以不按规定位置配置基本视图，六个基本视图若不能按图7-1-5所示的位置配置，则国家标准还规定了可以自由配置的视图，即向视图，如图7-1-6所示的"向视图A""向视图B"和"向视图C"。向视图必须加以标注，其标注方法如下：

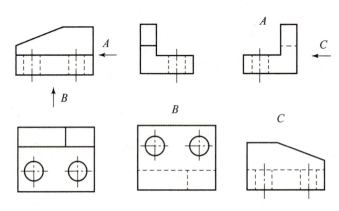

图7-1-6　向视图

在向视图上方，用大写字母（如"A""B"等）标出向视图的名称，并在相应的视图附近用箭头指明投射方向，再标注上相同的字母。表示投射方向的箭头应尽可能配置在主视图上。表示后视图的投射方向时，应将箭头尽可能配置在左视图或右视图上。

知识点3　局部视图

将机件的一部分向基本投影面投射所得的视图称为局部视图。

当机件的主体已由一组基本视图表达清楚，但机件上仍有部分结构尚需表达，而又没有必要再画出完整的基本视图时，可采用局部视图。如图7-1-7所示机件，用主、俯两个视图已清楚地表达了主体形状，若为了表达左面的凸缘和右面的缺口再增加左视图和右视图，就显得烦琐和重复，此时可采用局部视图，只画出所需表达的左面凸缘和右面缺口形状，则表达方案既简练又突出重点。

局部视图的配置、标注及画法：

（1）局部视图可按基本视图的配置形式配置，也可按向视图的配置形式配置并标注，如图7-1-7所示。当局部视图按投影关系配置，中间又没有其他视图隔开时，可省略标注。

（2）局部视图的断裂边界应以波浪线或双折线表示，如图7-1-7中的视图A。当所表示的局部结构是完整的，且外轮廓线成封闭图形时，断裂边界可省略不画，如图7-1-7中按投影关系配置的局部视图。

项目7 测绘一级直齿圆柱齿轮减速器从动轴

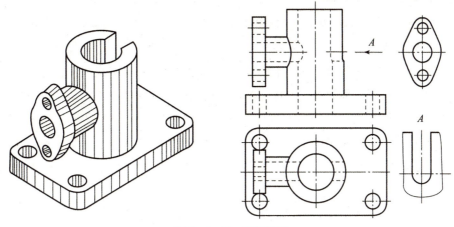

图 7-1-7 局部视图

知识点4 斜视图

将机件向不平行于基本投影面的平面进行投影，所得到的视图称为斜视图，如图 7-1-8 所示。

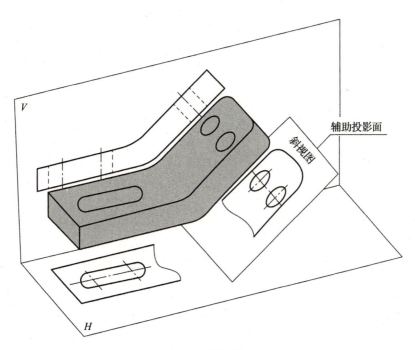

图 7-1-8 斜视图（一）

当机件上某部分的倾斜结构不平行于基本投影面时，则在基本视图中不能反映该部分的实形，会给绘图和看图都带来困难。此时，可选择一个新的辅助投影面，使它与机件上倾斜的部分平行（且垂直于某个基本投影面），然后将机件上的倾斜部分向新的辅助投影面投射，如图 7-1-9（a）所示。

斜视图的配置、标注及画法：

（1）斜视图通常按向视图的配置形式配置并标注，如图7－1－9（a）中的A视图。标注时斜视图必须在视图的上方水平书写"×"（×为大写字母）标出视图的名称，并在相应视图附近用箭头指明投射方向，并注上相同字母。必要时允许将斜视图旋转配置，但需画出旋转符号，表示该视图名称的大写字母应靠近旋转符号的箭头端，如图7－1－9（b）所示。当要注出图形的旋转角度时，应将其标注在字母之后。斜视图旋转配置时，既可顺时针旋转，也可逆时针旋转，但旋转符号的方向要与实际旋转方向相一致，以便于看图者辨别。

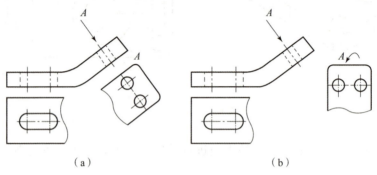

图7－1－9　斜视图（二）

（2）斜视图只反映机件上倾斜结构的实形，其余部分省略不画。斜视图的断裂边界可用波浪线或双折线表示，如图7－1－9（a）中的A视图。

知识点5　零件上常见工艺结构

零件上常见的工艺结构见表7－1－1。

表7－1－1　零件上常见的工艺结构

类型	图例	说明
起模斜度	（图：起模斜度）	起模斜度为3°～6°，在视图中可不标注，可用文字在技术要求中说明
铸造圆角	（图：铸造圆角）	铸造圆角一般为R2～R5 mm，可在技术要求中统一说明

续表

类型	图例	说明
倒角和倒圆	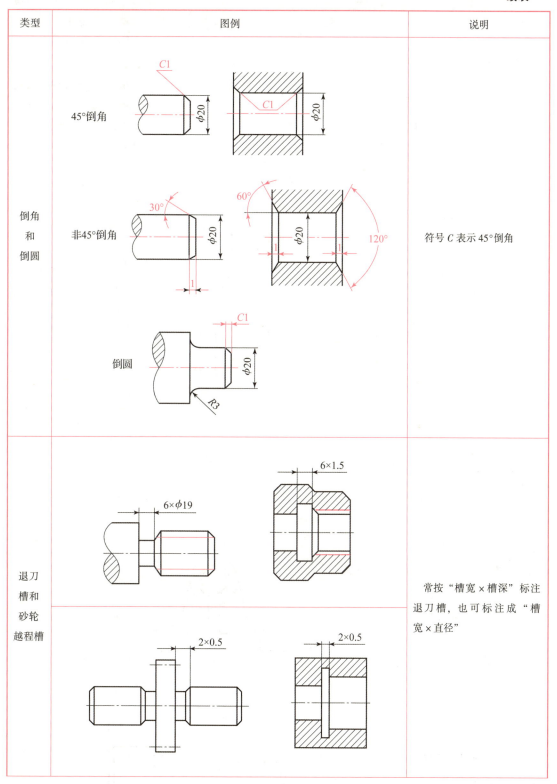	符号 C 表示 $45°$ 倒角
退刀槽和砂轮越程槽		常按"槽宽×槽深"标注退刀槽,也可标注成"槽宽×直径"

续表

类型	图例	说明
减少加工面	凸台　　凹坑	为提高零件装配时的接触可靠性、减少零件的加工面积，可将接触面做成凸台或凹坑
钻孔结构		为避免折断钻头和保证精度，应使钻头轴线垂直于钻孔表面

知识点6　零件图的尺寸标注

零件图的尺寸标注见表7-1-2。

表7-1-2　零件图的尺寸标注

尺寸标注要求	图例
重要尺寸直接标注	
不能出现封闭尺寸链	

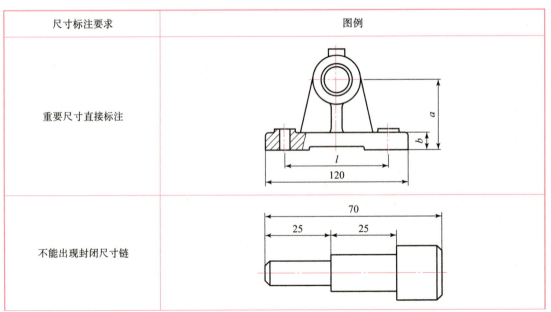

170

续表

尺寸标注要求	图例
便于测量	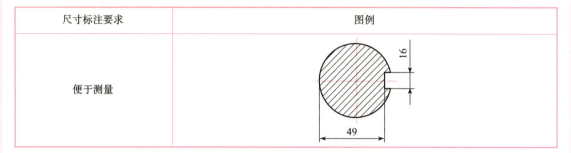

知识点 7 零件上常见典型结构的尺寸标注方法

零件上常见典型结构的尺寸标注方法见表 7-1-3。

表 7-1-3 零件上常见典型结构的尺寸标注方法

零件结构类型		标注方法	说明
螺孔	通孔	3×M6-6H	3×M6 表示直径为 6、均匀分布的 3 个螺孔
螺孔	不通孔	3×M6-6H▼10	螺孔深度、螺孔直径可以分开标注，也可连注
螺孔	不通孔	3×M6-6H▼10 孔深12	可以明确标注孔的深度
沉孔	柱形沉孔	6×φ6 ⊔φ10▼3.5	6 个均匀分布的孔，直径为 φ6 mm；柱形沉孔直径为 φ10 mm，深度为 3.5 mm
沉孔	锥形沉孔	6×φ7 ∨φ13×90°	6 个均匀分布的孔，直径为 φ7 mm；沉孔锥顶角为 90°，大口直径为 φ13 mm

续表

零件结构类型		标注方法	说明
光孔	一般孔	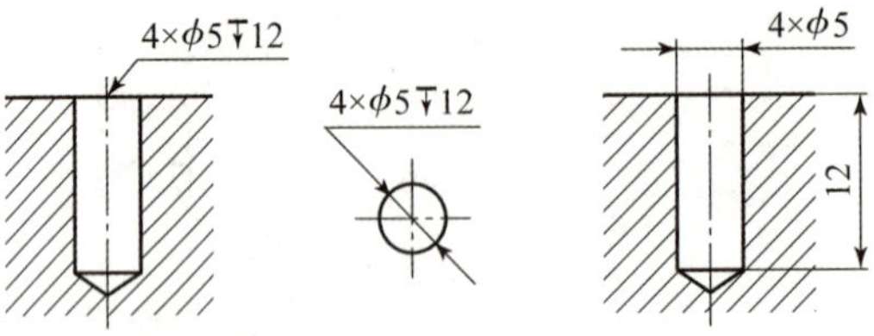	4 个均匀分布的孔，直径为 $\phi5$ mm，孔深为 12 mm
	锥销孔	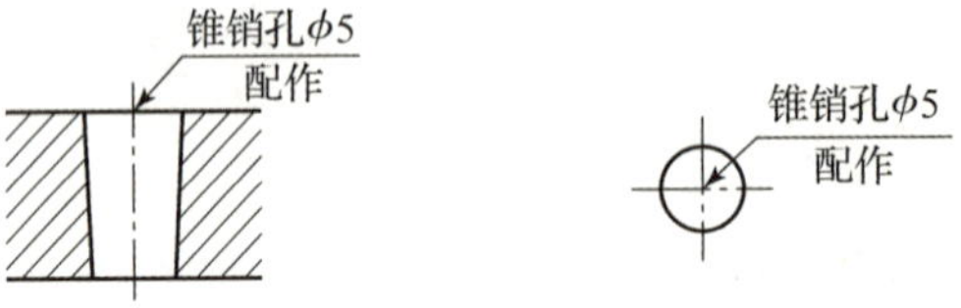	$\phi5$ mm 为与锥销孔相配的圆锥销小头直径，锥销孔通常是相邻两零件装配在一起时加工的

知识点 8　表面粗糙度

表面粗糙度符号、名称及含义见表 7-1-4。

表 7-1-4　表面粗糙度符号、名称及含义

符号名称	符号	含义
基本符号	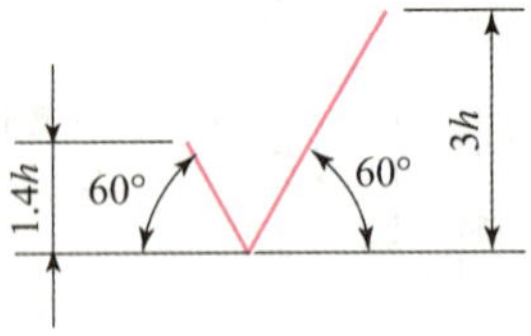 h 为字体高度	未指定工艺方法的表面
扩展符号		用去除材料方法获得的零件表面
		用不去除材料方法获得的零件表面
完整符号		在基本符号或扩展符号的长边加横线，注写表面结构的各种要求

知识点 9　几何公差

几何公差类型、特征、符号及有无基准见表 7-1-5。

表 7-1-5　几何公差类型、特征、符号及有无基准

公差类型	几何特征	符号	有无基准
形状公差	直线度	—	无
	平面度	▱	无
	圆度	○	无
	圆柱度	⌭	无
	线轮廓度	⌒	无
	面轮廓度	⌓	无
方向公差	平行度	∥	有
	垂直度	⊥	有
	倾斜度	∠	有
	线轮廓度	⌒	有
	面轮廓度	⌓	有
位置公差	位置度	⊕	有或无
	同轴度	◎	有
	对称度	≡	有
	线轮廓度	⌒	有
	面轮廓度	⌓	有
跳动公差	圆跳动	↗	有
	全跳动	⌰	有

知识点 10　剖视图

（1）假想用剖切面剖开机件，将处在观察者和剖切面之间的部分移去，将其余部分向投影面投射，所得的图形即为剖视图，简称剖视，如图 7-1-10 所示。

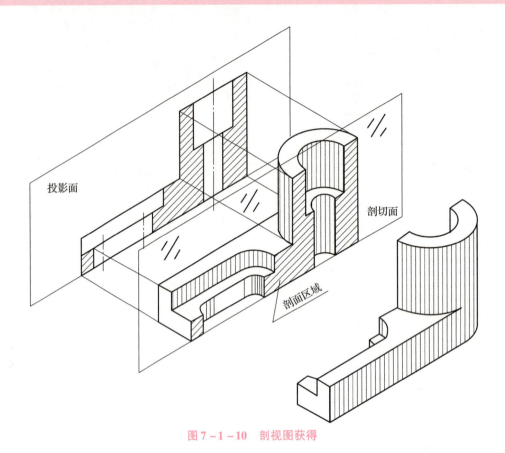

图7-1-10 剖视图获得

(2) 将图中剖视图与视图比较,由于主视图采用了剖视,视图中不可见的部分变为可见,原有的虚线变成了实线,再加上剖面线的作用,图形变得清晰,如图7-1-11所示。

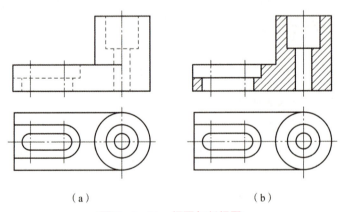

(a)   (b)

图7-1-11 视图与剖视图

(3) 剖面符号:机件被假象剖切后,在剖视图中剖切平面与物体的接触部分称为剖面区域。在绘制剖视图时,通常应在剖面区域画出剖面符号。

(4) 画金属材料的剖面符号时,应遵守以下规定:

①金属材料的剖面符号(也称剖面线)为与水平线成45°,且间隔相等的细实线。

②同一机件所有剖视图中的剖面线方向应一致,且间隔相等。

③当剖视图中的重要轮廓线与水平线成45°时,剖面线应画成与水平成30°或60°。

(5) 画剖视图的注意事项。

①剖视图是用剖切面假想地剖开物体,所以当物体的一个视图画成剖视图后,其他视图的完整性不受影响,仍按完整视图画出。

②剖视图中的不可见部分若在其他视图中已经表达清楚,则虚线可省略不画。但对尚未表达清楚的结构形状,若画少量虚线能减少视图数量,也可画出必要的虚线。

③不可漏画剖切平面后面的可见轮廓线,在剖切平面后面的可见轮廓线应全部用粗实线画出。

④根据需要可以将几个视图同时画出剖视图,它们之间各有所用,互不影响。

(5) 剖视图的标注

剖视图的标注内容包括三方面要素:

①剖切线:指示剖切面位置的线,用细点画线表示,画在剖切符号之间。通常剖切线省略不画。

②剖切符号:指示剖切面起、讫和转折位置(用粗实线表示)及投射方向(用箭头表示)的符号。

③字母:表示剖视图的名称,用大写字母注写在剖视图的上方。

知识点11 全剖视图

(1) 用剖切平面,将机件全部剖开后进行投影所得到的剖视图,称为全剖视图(简称全剖视)。如图7-1-12(b)中的主视图为全剖视图。

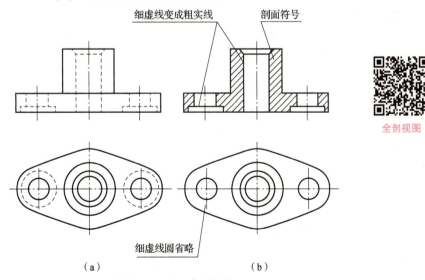

图7-1-12 全剖视图

(2) 全剖视图一般用于表达外部形状比较简单、内部结构比较复杂的机件。

(3) 全剖视图的标注。

①当平行于基本投影面的单一剖切平面通过机件的对称平面剖切机件，且剖视图按规定的投影关系配置时，可将粗短线、箭头、字母、图名均省略。

②当剖视图按规定投影关系配置时，可省略表示投射方向的箭头。

半剖视图

知识点 12　半剖视图

（1）当机件具有对称平面时，以对称中心线为界，在垂直于对称平面的投影面上投射所得到的，由半个剖视图和半个视图合并组成的图形称为半剖视图。

（2）半剖视图主要用于内、外结构形状都需要表示的对称机件。半剖视图既充分地表达了机件的内部结构，又保留了机件的外部形状，因此它具有内外兼顾的特点，如图 7-1-13 所示。有时，机件的形状接近于对称（具有对称平面的机件），且不对称部分已另有视图表达清楚时也可以采用半剖视图，以便将机件的内外结构形状简明地表达出来。

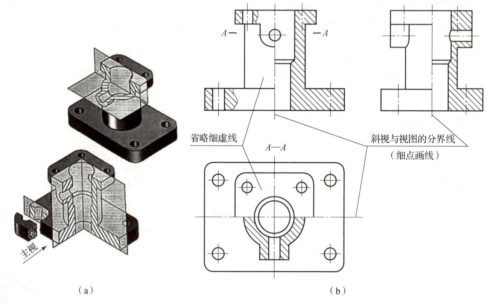

图 7-1-13　半剖视图

（3）半剖视图标注：半剖视图的标注方法与全剖视图相同。如图 7-1-13（a）所示的机件为左右对称结构；图 7-1-13（b）中主视图所采用的剖切平面通过机件的前后对称平面，所以不需要标注，而俯视图所采用的剖切平面并非通过机件的对称平面，所以必须标出剖切位置和名称，但箭头可以省略。

提示：

①半个视图和半剖视图应以点画线为界。

②半个视图中的虚线不必画出。

③半剖视图的位置通常按以下原则配置：

a. 主视图中位于对称线右侧；

b. 俯视图中位于对称线下方；

c. 左视图中位于对称线右侧。

知识点 13　局部剖视图

局部剖视图：用剖切面局部地剖开物体所得的剖视图，称为局部剖视图，简称局部剖视。当物体只有局部内形需要表示，而又不宜采用全剖视时，可采用局部剖视表达。

局部剖视是一种灵活、便捷的表达方法，它的剖切位置和剖切范围，可根据实际需要确定。但在一个视图中，过多地选用局部剖视，会使图形零乱，给看图造成困难。

画局部剖视时应注意以下几点：

（1）当被剖结构为回转体时，允许将该结构的轴线作为局部剖视与视图的分界线；

（2）当对称物体的内部或外部轮廓线与对称中心线重合而不宜采用半剖视时，可采用局部剖视。

知识点 14　断面图

断面图

（1）假想用剖切面将物体的某处切断，仅画出剖切面与物体接触部分的图形，称为断面图，如图 7 - 1 - 14（a）所示。

（2）画断面图时，应特别注意断面图与剖视图的区别。断面图只画出物体被切处的断面形状，而剖视图除了画出其断面形状之外，还必须画出断面之后所有可见轮廓，如图 7 - 1 - 14（b）所示。

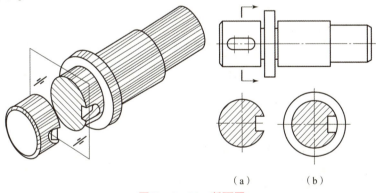

图 7 - 1 - 14　断面图

（3）断面图分为移出断面图和重合断面图两种。移出断面图如图 7 - 1 - 15 所示，重合断面图如图 7 - 1 - 16 所示。

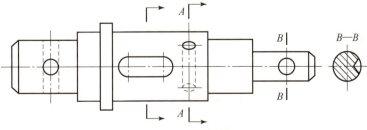

图 7 - 1 - 15　移出断面图

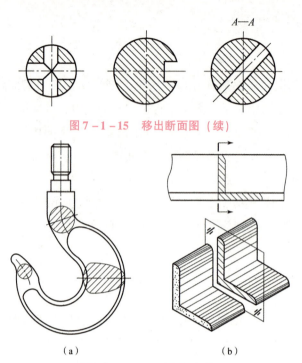

图 7-1-15 移出断面图（续）

(a)   (b)

图 7-1-16 重合断面图

测 试

课堂小测
班级：   姓名：
一、简答题 1. 零件测绘的主要步骤有哪些？   2. 正确选择表达方案，徒手绘制零件草图。   3. 零件测绘的主要步骤有哪些？

续表

课堂小测	
班级：	姓名：

二、解释下列几何公差代号的含义。

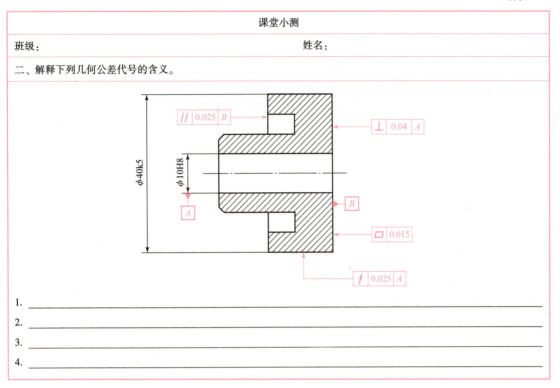

1. _____
2. _____
3. _____
4. _____

 项 目 实 施

<u>请同学们自查是否实现本项目目标</u>，并准备好绘图工具，按 1∶1 的比例在 A4 图纸上完成任务。

注意事项：

（1）绘制图形时，留足标注尺寸的位置，使图形布置均匀。

（2）画底稿时，连接弧的圆心及切点要准确。

（3）加深时按先粗后细，先曲后直，先水平后垂直、倾斜的顺序绘制，尽量做到同类图线规格一致，连接光滑。

（4）尺寸标注应符合规定，不要遗漏尺寸和箭头。

（5）注意保持图面整洁。

小 栏 目

"差之毫厘，谬以千里""千里之堤，毁于蚁穴"这些成语都告诉我们一个道理：科学来不得一点马虎、一个疏忽，0.001 mm 的误差都可能造成大的安全事故。查找相关安全故事，讲述给同学听。

项目 8 绘制一级直齿圆柱齿轮减速器从动轴组件装配示意图及装配图

 项目导读

通过任务 8-1 和任务 8-2 的学习，学生具备分析装配体的能力，学会正确拆卸装配体的顺序和方法，能正确绘制装配图，同时提高学生的动手实践能力、团队协作能力和一丝不苟的工匠精神。

任务 8-1　绘制一级直齿圆柱齿轮减速器从动轴组件装配示意图

 任务单

（1）可 3~5 个同学一组，组内成员分别负责拆卸、观察、测量、记录和绘图等工作。

任务载体	齿轮传动是应用最多的一种传动形式。直齿圆柱齿轮传动是齿轮传动的最基本形式，它在机械传动装置中应用极为广泛。下图为一级直齿圆柱齿轮减速器从动轴组件装配实物图，请完成装配示意图的绘制

项目8 绘制一级直齿圆柱齿轮减速器从动轴组件装配示意图及装配图

续表

职业能力	正确拆卸装配体的顺序和方法	对应知识点：2	书山有路勤为径；
	正确绘制装配示意图	对应知识点：1、3	学习没有捷径，如逆水行舟，不进则退
计划学时	4学时		
学习要求	按照给定的装配体组件，能够正确拆卸并绘制装配示意图		

（2）准备好放置零件的场地，做好对拆卸零件的标记。

（3）了解与测绘相关的理论知识，并对测绘内容进行详细记录。

小 贴 士

在识读和绘制装配图时，要遵守国家标准的规定画法。

 任务分析

任务8-1-1　了解装配体

子任务1　请同学们仔细观察一级直齿圆柱齿轮减速器从动轴组件，完成下列问题。

该从动轴组件由哪些零件组成？各部分的作用是什么？

微评：改正错误，夯实基础。

任务8-1-2　确定拆卸顺序

子任务1　请同学们结合刚才的观察，考虑以下问题。

对于从动轴组件，你的拆卸顺序是什么？

微评：改正错误，夯实基础。

子任务2　请同学们考虑以下问题。

拆卸零件应如何摆放？应注意些什么？

任务实施

在 A4 图纸上完成一级直齿圆柱齿轮减速器从动轴组件的装配示意图。

任务评价

填写工作任务评价单。

工作任务评价单

班级		姓名		学号		成绩	
组别		任务名称			参考学时		
序号	评价内容		分数	自评分		互评分	组长或教师评分
1	课前准备（课前预习情况）		5				
2	知识链接（完成情况）		10				
3	任务计划与决策		25				
4	任务实施（拆卸零件，零件的摆放、记录等）		25				
5	绘图质量		30				
6	遵守课堂纪律		5				
	总分		100				
综合评价（自评分×20% + 互评分×40% + 组长或教师评分×40%）							
组长签字：				教师签字：			
学习体会							

项目8 绘制一级直齿圆柱齿轮减速器从动轴组件装配示意图及装配图

 知识链接

知识点1　装配示意图

用简单的线条和规定的符号表示零件间装配关系、工作位置关系的图称为装配示意图。装配示意图中的常用符号见表8-1-1。

表8-1-1　装配示意图中的常用符号

序号	名称	立体图	符号	序号	名称	立体图	符号
1	螺钉、螺母、垫片			7	顶尖		
2	传动螺杆			8	三角皮带		
3	在传动螺杆上的螺母			9	开口式平皮带		
4	对开螺母			10	圆皮带及绳索传动		
5	手轮			11	两轴线平行的圆柱齿轮传动		
6	压缩弹簧			12	两轴线相交的圆锥齿轮传动		

续表

序号	名称	立体图	符号	序号	名称	立体图	符号
13	两轴线交叉的齿轮传动、蜗轮蜗杆传动			21	零件与轴的固定连接		
14	齿条啮合			22	花键连接		
15	向心滑动轴承			23	轴与轴的紧固连接		
16	向心滚动轴承			24	万向联轴器连接		
17	向心推力轴承			25	单向离合器		
18	单顶推力轴承			26	双向离合器		
19	轴杆、连杆等			27	锥体式摩擦离合器		
20	零件与轴的活动连接			28	电动机		

知识点2 装拆中的注意事项

（1）要合理规划拆卸顺序，严防乱敲乱打。

（2）对于精度较高的配合部位或过盈配合，尽量不拆或少拆，以防降低精度或损伤零件。

（3）对于拆下的零件要分类，并进行编号登记，有顺序放置，避免损伤和丢失。

（4）认真观察每个零部件的作用、结构特征以及与其他零件间的配合关系。

知识点3 绘制装配示意图

装配示意图是在拆卸过程中所画的记录图样，边拆边画。

（1）假想把部件看作透明体，这样可以方便地同时表示出部件内、外零件的轮廓及装配关系。

（2）装配示意图一般只画一个图形（如表达不全可增加图形）。

（3）零部件的表达要简单，可使用国家标准规定的简化画法和习惯画法，只需画出零件的大致轮廓。

（4）相邻零件的接触面或配合面之间要留有空隙，用于区别零件。

（5）需对所有零件进行编号，注出名称、数量、材料等有关内容，标准件要注明规定标记。

测　试

课堂小测		
班级：		姓名：
一、简答题		
1. 一级圆柱齿轮减速器从动轴组件中，支承轴的零件是什么？它与轴之间属于哪种配合关系？		
2. 一级圆柱齿轮减速器从动轴组件中，轴与齿轮之间的周向定位采用了哪种连接方式？		

小栏目

"书山有路勤为径"，请同学们查找资料，说出3个同义词。

任务 8-2　绘制一级直齿圆柱齿轮减速器从动轴组件装配图

任 务 单

任务载体	齿轮传动是应用最多的一种传动形式。直齿圆柱齿轮传动是齿轮传动的最基本形式，它在机械传动装置中应用极为广泛。下图为一级直齿圆柱齿轮减速器从动轴组件装配实物图，请完成装配图的绘制 		
职业能力	掌握装配图的画法	对应知识点：1、4	业精于勤而荒于嬉；张弛有度，劳逸结合
	编制零件序号和明细栏	对应知识点：2、3	
计划学时	10 学时		
学习要求	按照给定的装配体组件，能够正确绘制装配图		

小 贴 士

<u>工欲善其事，必先利其器</u>，请同学们准备好铅笔、圆规、直尺、三角板、壁纸刀、橡皮等绘图工具，同时准备好一级直齿圆柱齿轮从动轴组件装配体。

任 务 分 析

任务 8-2-1　分析装配体，选择主视图

子任务 1　请同学们仔细观察一级直齿圆柱齿轮减速器从动轴组件，完成下列问题。

该装配体在减速器中工作时，如何放置？

微评：改正错误，夯实基础。

项目8 绘制一级直齿圆柱齿轮减速器从动轴组件装配示意图及装配图

装配体上有哪些零件？

微评：改正错误，夯实基础。

任务8-2-2 其他视图的选择

子任务1 请同学们仔细思考，回答下面问题。

除了主视图外，我们还可以选择哪些视图来表达清楚该装配体组件的结构？

微评：改正错误，夯实基础。

子任务2 请同学们仔细思考，回答下面问题。

在该装配体上，有几个轴承？在绘制装配图时，两个轴承是否都要绘制详细？如何绘制？

微评：改正错误，夯实基础。

子任务3 请同学们仔细思考，回答下面问题。

在该装配体上，齿轮如何实现轴向固定？采用了哪些零件？在画装配图时，应如何保证定位准确？

微评：改正错误，夯实基础。

子任务4 请同学们仔细思考，回答下面问题。

在该装配体上，齿轮如何实现周向固定？采用了哪些零件？

微评：改正错误，夯实基础。

任务实施

在A4图纸上完成一级直齿圆柱齿轮减速器从动轴组件装配图的绘制。

任务评价

填写工作任务评价单。

工作任务评价单

班级		姓名		学号		成绩	
组别		任务名称				参考学时	
序号	评价内容		分数	自评分	互评分	组长或教师评分	
1	课前准备（课前预习情况）		5				
2	知识链接（完成情况）		10				
3	任务计划与决策		25				
4	任务实施（测量尺寸、表达方案的确定等）		25				
5	绘图质量		30				
6	遵守课堂纪律		5				
	总分		100				
综合评价（自评分×20％＋互评分×40％＋组长或教师评分×40％）							
组长签字：				教师签字：			
学习体会							

知识链接

知识点1　装配图的画法

装配图的画法如图8－2－1所示。

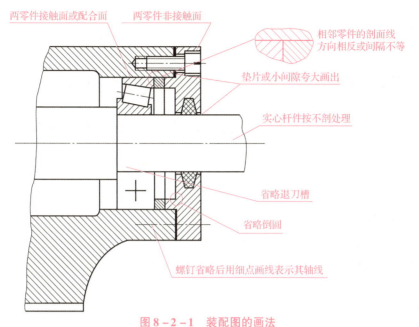

图8-2-1 装配图的画法

知识点2 零件序号

1. 零部件序号及其编排方法

(1) 零件序号标注,如图8-2-2所示。

装配图的画法

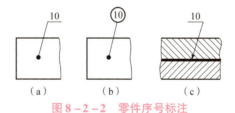

图8-2-2 零件序号标注

(2) 零件组序号标注,如图8-2-3所示。

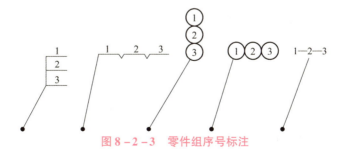

图8-2-3 零件组序号标注

装配图的尺寸标注及技术要求

知识点3 明细栏

明细栏画在装配图右下角标题栏上方,栏内分格线为细实线,左边外框线为粗实线,栏中的编号与装配图中的零、部件序号必须一致。

知识点4 画装配图的一般步骤

1. 选择视图

(1) 主视图：一般选择装配体的工作位置应能反映出装配体的主要结构特征及零件间的相对关系。

(2) 其他视图：主视图没有表达或表达不清楚的部分，可以通过其他视图作为补充。

2. 画装配图的步骤

(1) 确定图幅、比例，合理布局。

(2) 画出图框、标题栏和明细栏。

(3) 画出各视图的基准线和中心线。

(4) 画出各视图的底稿，一般从主视图画起。

(5) 画次要零件和细节。

(6) 画剖面线。

(7) 加深。

(8) 标注必要尺寸。

(9) 编注零件序号，填写明细栏、标题栏和技术要求

(10) 检查全图。

测 试

课堂小测	
班级：	姓名：
一、简答题	
1. 装配图的明细栏应填写哪些内容？	
2. 填写明细栏时如果位置不够，如何解决？	
3. 装配图主视图的选择原则是什么？	
4. 相邻两个（或以上）金属零件的剖面线如何绘制？	

项目实施

请同学们自查是否实现本项目目标，并准备好绘图工具，按 1∶1 的比例在 A4 图纸上完成习题任务。

注意事项：

（1）绘制图形时，留足标注尺寸的位置，使图形布置均匀。

（2）画底稿时，连接弧的圆心及切点要准确。

（3）加深时按先粗后细，先曲后直，先水平后垂直、倾斜的顺序绘制，尽量做到同类图线规格一致，连接光滑。

（4）尺寸标注应符合规定，不要遗漏尺寸和箭头。

（5）注意保持图面整洁。

小栏目

请同学们查找资料，解释"业精于勤，荒于嬉；行成于思，毁于随"。

项目9　AutoCAD绘制并识读方形螺母零件图

通过任务9-1的学习，学生能够准确识读螺母零件结构；能够应用计算机熟练绘制零件图；能够规范完成尺寸标注。在上机操作中，探索适合自己操作习惯的软件使用方法；培养学生自主学习软件的能力。

任务9-1　绘制并识读螺母零件图

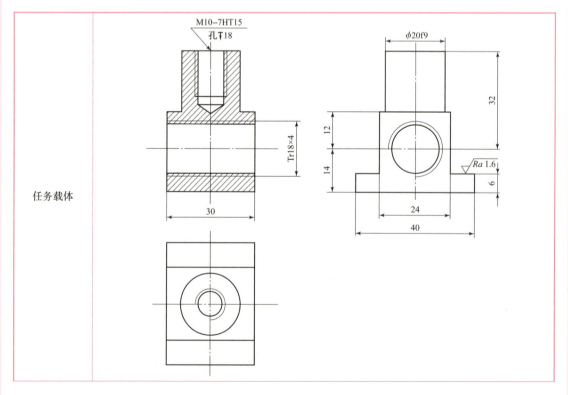

任务载体

续表

职业能力	正确识读方形螺母	细节决定成败：树立严肃认真、一丝不苟的工作作风和良好的绘图习惯；每天进行整理，营造整齐的绘图环境
	识读、绘制螺母零件图形	
	规范标注尺寸	
计划学时	8学时	
学习要求	按照给定的零件图，依据机械制图国家标准规定，正确抄画零件图	

工欲善其事，必先利其器，请同学们打开电脑，启动软件，完成样板文件的设置。

知识点1　设置绘图界限（以A3图幅为例）

用户在使用AutoCAD软件绘图时，系统对绘图范围没有作任何设置，绘图区是一幅无穷大的图纸，而用户绘制的图形大小是有限的，为了便于绘图工作，需要设置绘图界限，即设置绘图的有效范围和图纸的边界。

设置绘图界限的操作步骤如下：

选择菜单中"格式"→"图形界限"选项，启动图形界限命令。

命令：limits。

重新设置模型空间界限：

指定左下角点或［开(ON)、OFF)］＜0.0000,0.0000＞：✓

指定右上角点 ＜420.0000,297.0000＞：✓

知识点2　设置图层

创建新图层，进行图层颜色、线型、线宽的设置，如图9-1-1所示。

图9-1-1　图层特性管理器

知识点3 设置线型比例

线型比例根据图形大小设置,设置线型比例可以调整虚线、点画线等线型的疏密程度。当图幅较小时(A3、A4),可将线型比例设为0.3~0.5;当图幅较大时(A0),则可将线型比例设为10~25。

命令:ltscale(或 lts)。

输入新线型比例因子 <1.0000>:0.4↵

知识点4 设置文字样式

1. 创建"汉字样式"

(1)选择菜单中"格式"→"文字样式"选项,弹出如图9-1-2所示的"文字样式"对话框。

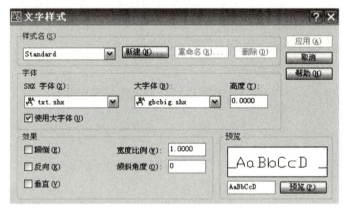

图9-1-2 "文字样式"对话框

(2)单击"新建"按钮,在弹出的"新建文字样式"对话框中的"样式名"编辑框中输入"汉字",然后单击"确定"按钮。

(3)在"文字样式"对话框中单击字体名的下拉列表框,从中选择"仿宋-GB2312",设置"宽度比例"为"0.8"。

(4)设置完成后,单击"应用"按钮。

2. 创建"字母与数字样式"

(1)继续单击"新建"按钮,在弹出的"新建文字样式"对话框中的"样式名"编辑框中输入"数字",然后单击"确定"按钮。

(2)在"文字样式"对话框中单击字体名的下拉列表框,从中选择"isocp.shx"(或其他接近国标的字体),设置"倾斜角度"为"15°"。

(3)设置完成后,单击"关闭"按钮。

知识点5 设置尺寸标注样式

选择菜单中"格式"→"标注样式"选项,弹出如图9-1-3所示的"标注样式管理器"对话框。单击"新建"按钮,分别设置线型、直径、半径尺寸及角度尺寸,并设置用于引线标注的样式,如图9-1-4所示。下面仅以线性尺寸为例,各选项卡的参数设置如图9-1-5~图9-1-9所示,其余均为默认设置。

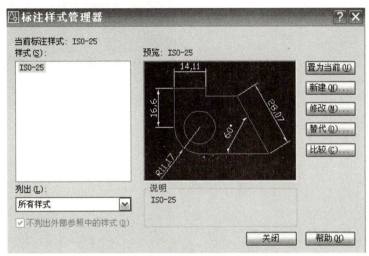

图9-1-3 "标注样式管理器"对话框

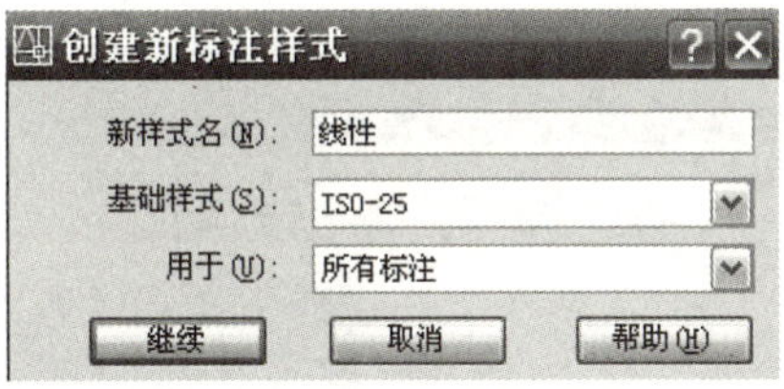

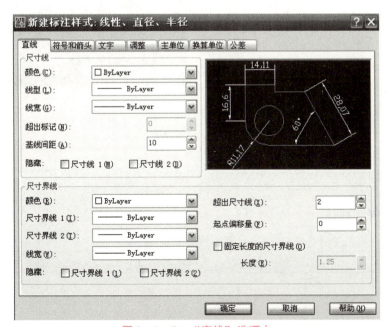

图9-1-4 "创建新标注样式"对话框

图9-1-5 "直线"选项卡

195

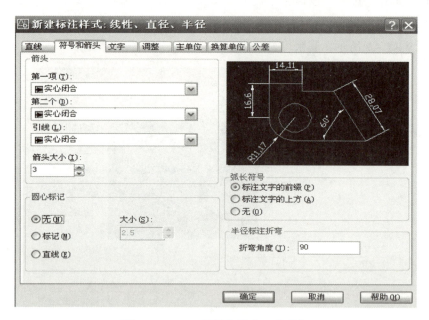

图 9-1-6 "符号和箭头"选项卡

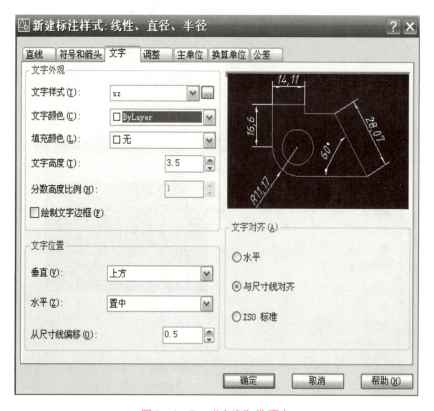

图 9-1-7 "文字"选项卡

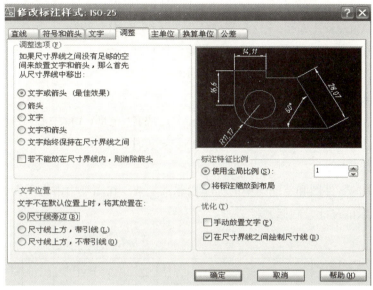

图9-1-8 "调整"选项卡

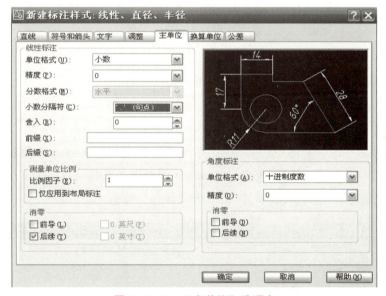

图9-1-9 "主单位"选项卡

知识点6 绘制图框线和标题栏

(1) 将"0层"设为当前层，绘制边界线。

命令：_rectang（或rec）。

指定第一个角点或［倒角(C)/标高(E)/圆角(F)/厚度(T)/宽度(W)］：0,0↙

指定另一个角点或［面积(A)/尺寸(D)/旋转(R)］：420,297↙

(2) 将"粗实线"图层设置为当前层，绘制图框线。

命令：_rectang。

指定第一个角点或 [倒角(C)/标高(E)/圆角(F)/厚度(T)/宽度(W)]:25,5↙

指定另一个角点或 [面积(A)/尺寸(D)/旋转(R)]:415,292↙

注：也可用"偏移"命令，作四边均等距的图框线。

(3) 使用"缩放"命令，将图形全部显示。

命令：zoom（或 z）。

指定窗口的角点，输入比例因子（nX 或 nXP），或者[全部(A)/中心(C)/动态(D)/范围(E)/上一个(P)/比例(S)/窗口(W)/对象(O)] <实时>:e

(4) 绘制标题栏。

实际生产中的零件图和装配图中的标题栏非常复杂，在图纸中占有很大的面积，建议按图 9－1－10 所示的尺寸绘制标题栏。

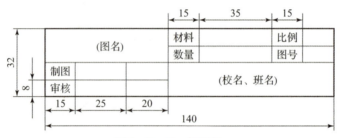

图 9－1－10　标题栏

标题栏也可做成图块，定义属性后以块的形式插入图形中。

知识点7　模板的保存

选择下拉菜单中的"文件"→"另存为"选项，打开如图 9－1－11 所示的"图形另存为"对话框，在"文件类型"中选择"AutoCAD 图形样板文件（*.dwt）"，在"文件名"输入框中输入模板，名称为"A3 横放"，单击"保存"按钮。

图 9－1－11　"图形另存为"对话框

在弹出的"样板说明"对话框中输入对该模板图形的说明，这样就建立了一个符合机械制图国家标准的 A3 图幅模板文件，使用时，只需在"启动"对话框中选择"使用样板"，然后从弹出的列表框中选择"A3 横放"即可。

对刚刚做好的"A3 横放"样板进行编辑，再以"另存为"的方式分别作"A3 竖放""A4 横放""A4 竖放"样板即可。

小 贴 士

1. 符号样式（见表 9 – 1 – 1）

表 9 – 1 – 1　符号样式

°（度）	±	φ
%%D	%%P	%%C

2. 文字样式（见表 9 – 1 – 2）

表 9 – 1 – 2　文字样式

样式名	字体	大字体	高度	宽高比例
汉字	仿宋		0	0.7
字母	gbetic.shx	gbcbig.shx	0	0.7

3. 标注样式

（1）"父"样式变量设置，见表 9 – 1 – 3。

表 9 – 1 – 3　"父"样式变量设置

选项卡	选项组	选项名称	变量值
直线和箭头	尺寸线	基线距离	6~8
	尺寸界线	超出尺寸线	1.2~2
		起点偏移量	0
	箭头	第一个箭头	实心闭合
		第二个箭头	实心闭合
		引线	实心闭合
		箭头大小	2.5~3

续表

选项卡	选项组	选项名称	变量值
文字	文字外观	文字样式	字母
		文字高度	3.5
	文字位置	垂直	上方
		水平	置中
		从尺寸线偏移	0.3~1
	文字对齐	与尺寸线对齐	√
调整	调整选项	文字与箭头最佳	√
	调整	与尺寸线之间画线	√
主单位	线性标注	单位格式	小数
		精度	0.00
		小数分隔符	。(句号)
	角度标注	单位格式	十进制度数
		精度	0.0
	消零	后续	√

(2)"子"样式变量设置,见表9-1-4。

表9-1-4 "子"样式变量设置

名称	选项卡	选项组	选项名称	变量值
角度	文字	文字对齐	水平	√
半径	文字	文字对齐	ISO 标准	√
直径	调整	调整选项	文字和箭头	√

任务实施

1. 创建主视图

(1)单击状态栏中的"正交模式"按钮 、"对象捕捉"按钮 和"线宽"按钮 ,使它们都变为打开状态。在"图层"中选择"中心线",然后执行"绘图"面板中的"直线"(L)命令图标 ,输入第一点坐标为(200,200),按"Enter"键确认,向右移动鼠标,并在命令行中输入直线长度为"70",按"Enter"键确认。再执行"直线"命令,输入第一点坐标为(235,235),按"Enter"键确认后,向下移动鼠标,并在命令行中输入直线长度为"70",按"Enter"键确认。完成效果如图9-1-12所示。

(2) 执行"修改"面板中的"O"(偏移)命令图标，输入偏移距离"15",按"Enter"键确认,然后选择"中心线"(L1),向左移动鼠标,单击左键,完成效果如图9-1-13所示。

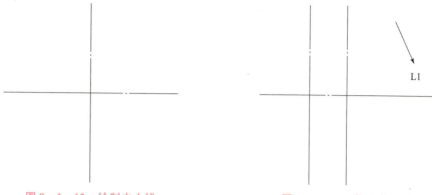

图9-1-12　绘制中心线　　　　　图9-1-13　偏移中心线

(3) 继续选择"中心线"(L1),分别输入偏移距离10 mm、41 mm,如图9-0-14所示,单击刚刚偏移的直线,将"图层"换成"轮廓线",如图9-0-15所示。

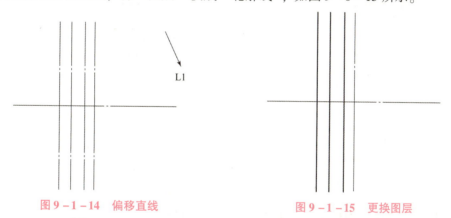

图9-1-14　偏移直线　　　　　图9-1-15　更换图层

(4) 执行"修改"面板中的"偏移"(O)命令图标，以同样的方法偏移直线L2,创建七条水平线,依次向下偏移的距离为8 mm、14 mm,依次向上偏移的距离为8 mm、12 mm、14 mm、17 mm、32 mm,单击偏移得来的直线,将"图层"换成"轮廓线",如图9-1-16所示。

(5) 执行"绘图"面板中的"直线"(L)命令图标，单击图中A点,在命令行中输入"8<330"并按两次"Enter"键,然后单击直线将"图层"换成"轮廓线",如图9-1-17所示。

(6) 执行修改面板中的"修剪"(TR)按钮，在绘图区空白处单击鼠标右键,然后左键单击多余的线条作为被剪掉的对象,当AutoCAD在直线剩余最后一段时就不会被剪掉,所以此时需要用"删除"命令进行操作。删除操作可以执行"修改"面板中的"删除"(E)命令图标，修剪顺序效果如图9-1-18(a)和图9-1-18(b)所示。

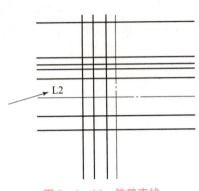

图9-1-16 偏移直线

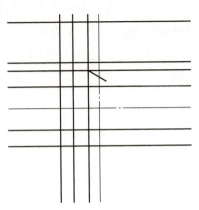

图9-1-17 绘制斜线

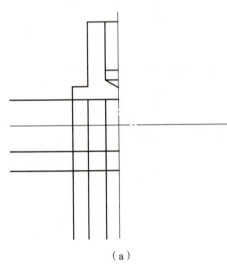

（a） （b）

图9-1-18 剪裁效果

（7）执行"修改"面板中的"镜像"（MI）命令图标，左键选择前面绘制的粗实线直线为镜像对象，单击右键，然后捕捉竖直中心线的两个端点，选择为镜像中心线，然后单击"Enter"键确认镜像操作，效果如图9-1-19所示。

（8）将"图层"切换至"剖面线"，然后执行"修改"面板中的"图案填充"（H）命令图标，选择图案为"ANSI31"，比例为"1"，角度为"0°"，填充图案，结果如图9-1-20所示，然后按"Enter"键完成填充，完成图案填充，效果如图9-1-21所示。

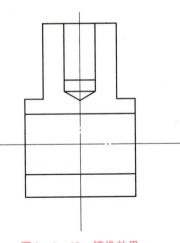

图9-1-19 镜像效果

图 9-1-20 填充参数

（9）执行"修改"面板中的"偏移"（O）命令图标，将中心线 L2 向上、下偏移，偏移距离为 9 mm，如图 9-1-22 所示。用同样的方法将中心线 L1 向左、右偏移，偏移距离为 5 mm，如图 9-1-23 所示。

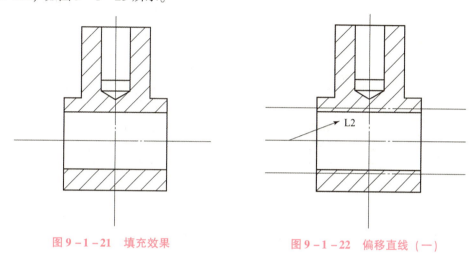

图 9-1-21 填充效果　　　　　　　图 9-1-22 偏移直线（一）

（10）拉伸直线。单击如图 9-1-24 中的 L3，显示蓝色的夹点，然后选取器左端夹点，水平向左拖移至适当位置。同样的方法处理 L4，效果如图 9-1-25 所示。

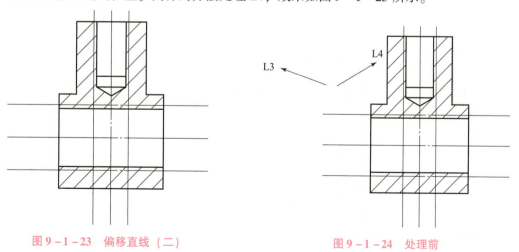

图 9-1-23 偏移直线（二）　　　　　　图 9-1-24 处理前

（11）将刚刚偏移的直线"图层"换成"细实线"，然后执行"修改"面板中的"修剪"（TR）命令按钮，删除多余的直线，剪裁顺序如图 9-1-26（a）和图 9-1-26（b）所示。

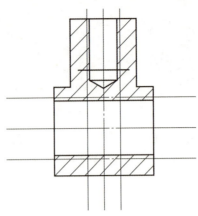

图 9-1-25 拉伸效果

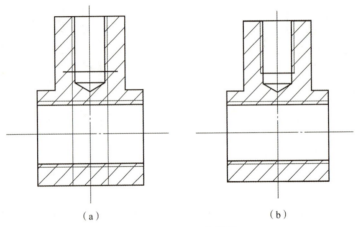

（a） （b）

图 9-1-26 剪裁效果

2. 创建左视图

（1）单击主视图中的水平中心线使其显示夹点，然后选取其右端夹点，水平拖移至适当的位置，作为创建左视图的水平中心线，然后执行"修改"面板中的"偏移"（O）命令图标 ，输入偏移距离"100"，选择主视图中的竖直中心线，鼠标向右单击，效果如图 9-1-27 所示。

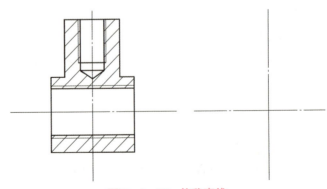

图 9-1-27 偏移直线

（2）执行"修改"面板中的"偏移"（O）命令图标 ，创建三条竖直线和四条水平线，将 L2 向下偏移 8 mm、14 mm，向上偏移 12 mm、32 mm，再将 L4 向左偏移 10 mm、12 mm、20 mm，效果如图 9 – 1 – 28 所示，然后单击刚刚偏移的直线，将"图层"换成"轮廓线"，效果如图 9 – 1 – 29 所示。

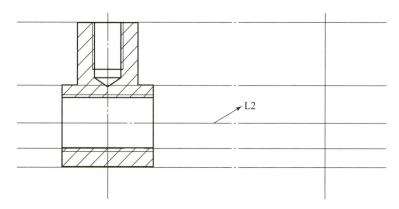

图 9 – 1 – 28　偏移直线

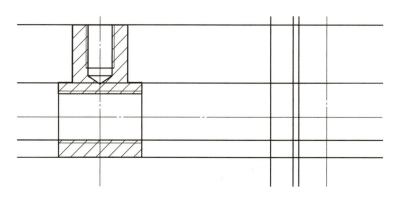

图 9 – 1 – 29　效果图

（3）执行"修改"面板中的"修剪"（TR）按钮 ，删除多余的直线，剪裁顺序如图 9 – 1 – 30 所示。

（4）执行"修改"面板中"镜像"（MI）命令图标 ，左键选择刚才绘制的粗实线为镜像对象，单击右键，然后捕捉右边竖直中心线的两个端点，选择为镜像中心线，然后单击回车确认镜像操作，效果如图 9 – 1 – 31 所示。

（5）将"图层"切换至"轮廓线"，执行"绘图"面板中的"圆心，半径"（C）命令图标 ，以中心线的交点为圆心，绘制直径为 φ16 mm、φ18 mm 的圆，如图 9 – 1 – 32 所示。

（6）鼠标单击 φ18 mm 的圆，将"图层"换成"细实线"，执行"修改"面板中的"修剪"（TR）按钮 ，剪裁图形，效果如图 9 – 1 – 33 所示 。

提示：螺纹的外圈为细实线，需画成 3/4 圆，此处为螺纹。

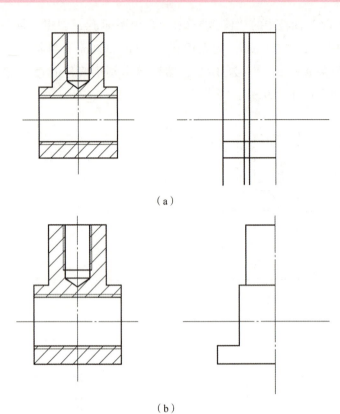

(a)

(b)

图 9-1-30 剪裁过程

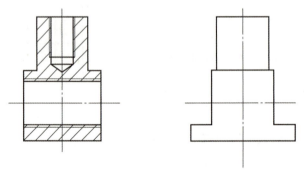

图 9-1-31 镜像效果

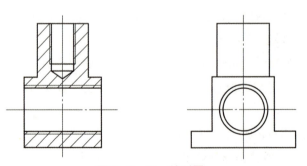

图 9-1-32 绘制圆

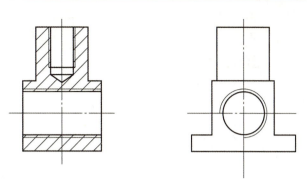

图 9-1-33 剪裁效果

3. 创建俯视图

（1）单击主视图中的竖直中心线使其显示夹点，然后选取器下端夹点，竖直向下拖移至适当的位置，作为创建俯视图的竖直中心线，然后执行"绘图"面板中的"直线"（L）命令图标 ∕，绘制如图 9-1-34 所示的效果。

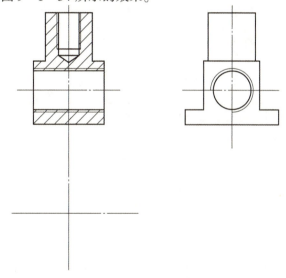

图 9-1-34 绘制直线

（2）执行"修改"面板中的"偏移"（O）命令图标 ⌮，创建两条竖直线和四条水平线，将 L5 向下偏移 12 mm、20 mm，向上偏移 12 mm、20 mm，再将 L1 向左、右偏移 15 mm、15 mm，然后单击刚刚偏移的直线，将"图层"换成"轮廓线"，效果如图 9-1-35 所示。

（3）参考上面的方法，单击偏移的线，将"图层"改为"轮廓线"，然后执行"修改"面板中的"修剪"（TR）命令图标 ⌿，删除多余的直线，效果如图 9-1-36 所示。

（4）将"图层"切换至"轮廓线"，执行"绘图"面板中的"圆心，半径"（C）命令图标 ⊙，以中心线的交点为圆心，绘制直径为 φ8.376 mm、φ10 mm 和 φ20 mm 的圆，如图 9-1-37 所示。然后单击 φ10 mm 的圆，将"图层"换成"细实线"，再利用"修剪"（TR）命令剪裁，效果如图 9-1-38 所示。

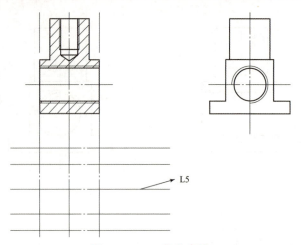

图 9–1–35 偏移直线

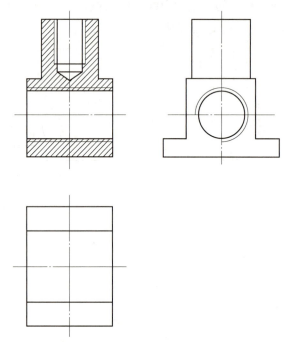

图 9–1–36 效果图

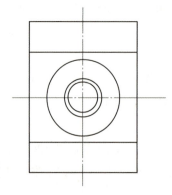 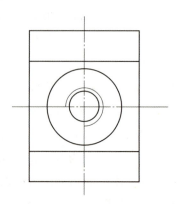

图 9–1–37 绘制圆　　　　　　　　图 9–1–38 剪裁效果

4. 图形标注

(1) 图形的标注。选择"图层"面板中的"标注线",设置该图层为当前层,如图 9-1-39 所示。

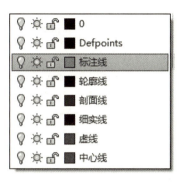

图 9-1-39 切换图层

(2) 执行"注释"面板中的"标注样式"(D) 命令图标，在弹出的如图 9-1-40 所示的"标注样式管理器"对话框中单击"新建"按钮，在弹出的"创建新标注样式"对话框的"新样式名"中输入"ISO-25"，然后单击"继续"，此时系统会弹出如图 9-1-41 所示的对话框，单击"确认"按钮。

图 9-1-40 "标注样式管理器"对话框

(3) 返回"标注样式管理器"，选择"ISO-25"，单击"新建"按钮，在"用于"中选择"线性标注"。同样的方法创建"角度标注"。

(4) 执行"修改"面板中的"打断"(BR) 命令图标，打断中心线，将中心线移动至适合的位置。

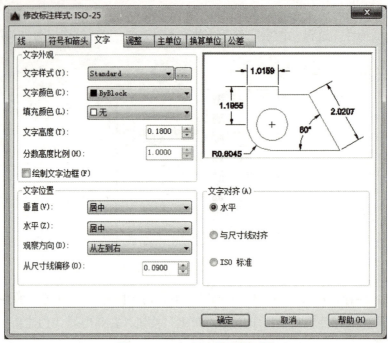

图 9 - 1 - 41　标注样式管理器

（5）选择"ISO - 25"，单击"置为当前"。

（6）执行"注释"面板中的"线性"（DLM）命令图标 ⊢⊣，对图形进行标注，如图 9 - 1 - 42 所示。

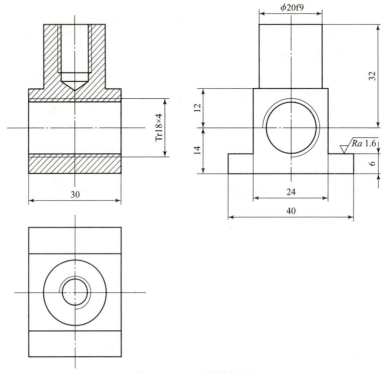

图 9 - 1 - 42　线性标注

（7）双击标注的尺寸 20，然后在输入文本"%%c20f9"，标注的文字会变成 φ20f9。同样的方法，双击标注的尺寸 18，输入文本"Tr18×4"，如图 9-1-43 所示。

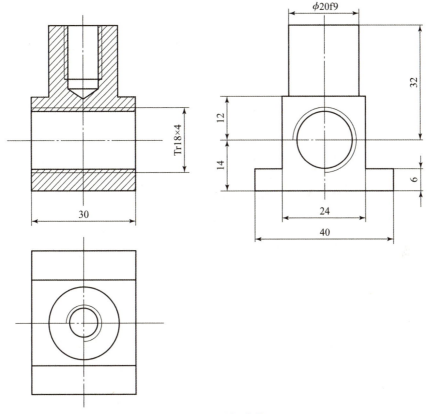

图 9-1-43　标注效果

（8）进行孔径的标注。在命令行输入命令"QLEASER"创建引线，执行"注释"面板中的"多行文字"命令，添加孔径值，效果如图 9-1-44 所示。

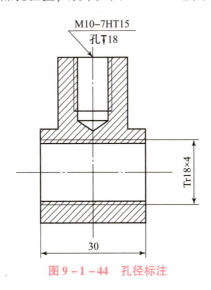

图 9-1-44　孔径标注

（9）插入表面粗糙度符号，如图9-1-45所示（此处步骤不详细讲解，可参考前面项目对粗糙度符号的设置），完成效果如图9-1-46所示。

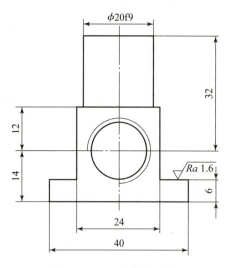

图9-1-45　添加粗糙度

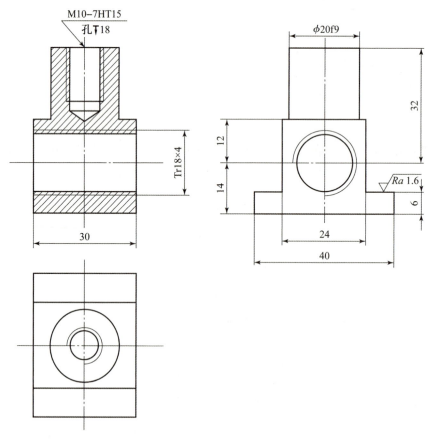

图9-1-46　最终效果图

项目9 AutoCAD绘制并识读方形螺母零件图

任务评价

填写工作任务评价单。

工作任务评价单

班级		姓名		学号		成绩	
组别		任务名称				参考学时	
序号	评价内容		分数	自评分	互评分	组长或教师评分	
1	课前准备（课前预习情况）： 5道预习检测题，对1道题得1分		5				
2	知识链接（完成情况）： 课堂小测成绩×10%		10				
3	任务计划与决策 讨论决策中起主导作用17～20分，积极参与讨论10～17分，认真思考、听取讨论10分，积极为他人解疑、帮助同学5分		25				
4	任务实施（图线、表达方案、图线布局等）： 图框、标题栏1～5分，布局1～5分，正确绘制1～5分，线型均匀正确1～5分		25				
5	绘图质量： 正确绘制10分，图面整洁度1～10分，粗细线条清晰度1～5分，尺寸标注1～5分		30				
6	遵守课堂纪律： 出勤1分，按要求完成2分，帮助同学并清理打扫教室卫生2分		5				
	总分		100				
综合评价（自评分×20% + 互评分×40% + 组长或教师评分×40%）							
组长签字：					教师签字：		
学习体会							

强化技能

绘制吊钩二维线框图。

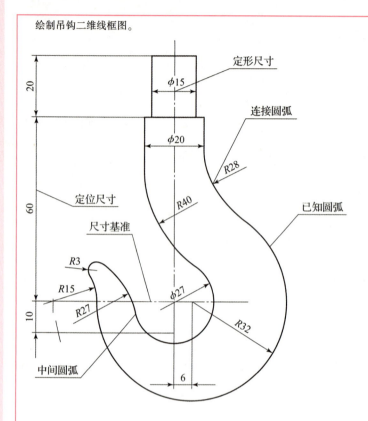

绘图完成区。

项目9 AutoCAD绘制并识读方形螺母零件图

小 贴 士

1. 用公制默认设置创建图形文件

（1）单击常用工具栏上的"新建"按钮，或菜单栏中的"文件"→"新建"选项，出现"autocad"菜单，选择"创建图形"选项卡中"默认设置"→"公制"选项；

（2）单击"图层"命令设置图层，创建"中心线""轮廓线"两个图层，并编辑图层特性。

（3）画图操作步骤。

①将"中心线"层设为当前层，用"直线"（L）命令绘制中心线。

②将"轮廓线"层设为当前层，使用"直线"（L）、"偏移"（O）、"倒角"（CAH）、"修剪"（TR）命令配合绘制出图形的圆柱部分。

③单击绘图工具栏上的"圆"（C）按钮，将鼠标移到两中心线交点处，出现捕捉光标时单击画圆，在命令行中的"直径"（D）后面输入40，并回车。再用"圆"（C）的"相切、相切、半径"方法分别画出 $R60$ mm、$R40$ mm，如图9-1-47所示。

④用"修剪"（TR）命令去掉不要的线，如图9-1-48所示。

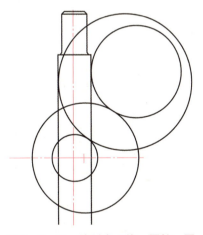
图9-1-47 绘制中心线、圆柱、圆

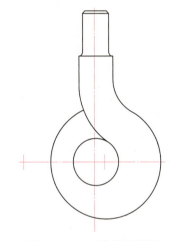
图9-1-48 修剪轮廓线

⑤用"偏移"（O）命令得到圆 $R23$ mm 和 $R40$ mm 的圆心并画 $R23$ mm 和 $R40$ mm 的圆。其中 $R40$ mm 的圆通过"相切、相切、半径"的方法得到，并进行修剪，如图9-1-49所示。

⑥用"圆"（C）的"相切、相切、半径"方法得到 $R4$ mm 圆，并修剪，如图9-1-50所示。

2. 保存退出

单击"文件"→"保存"，或单击常用工具栏上的"保存"按钮，在"图形另存为"对话框中，选择文件夹某一文件，并在"文件名"中输入"吊钩"，单击"保存"按钮，保存图形文件。

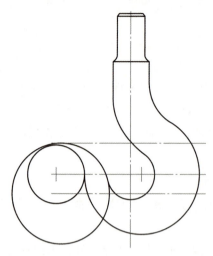

图 9-1-49 绘制圆并修剪轮廓线

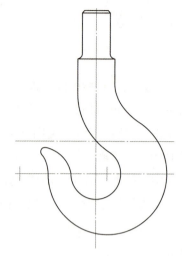

图 9-1-50 "圆角"命令绘制 R4 mm 圆并修剪

强化技能

绘制轴类零件图。

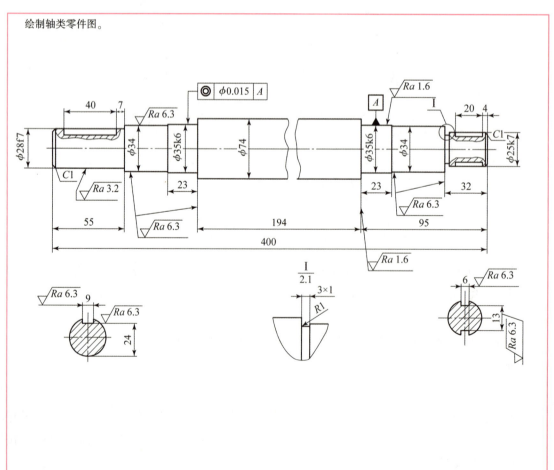

续表

绘图完成区。

小 贴 士

1. 绘图准备

调用样板图，开始绘制新图。

2. 绘制图形

（1）绘制主视图。

轴的零件图具有一对称轴，且整个图形沿轴线方向排列，大部分线条与轴线平行或垂直。根据图形这一特点，我们可先画出轴的上半部分，然后用"镜像"命令复制出轴的下半部分。

方法1：用"偏移"（O）、"修剪"（T）命令绘图。根据各段轴径和长度，平移轴线和左端面垂线，然后修剪多余线条绘制各轴段，如图9-1-51所示。

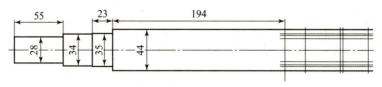

图9-1-51　绘制轴方法1

方法2：用"直线"（L）命令，结合极轴追踪、自动追踪功能先画出轴外部轮廓线，如图9-1-52所示，再补画其余线条。

图 9 – 1 – 52　绘制轴方法 2

（2）用"倒角"命令绘轴端倒角，用"圆角"命令绘制轴肩圆角，如图 9 – 1 – 53 所示。

图 9 – 1 – 53　绘倒角、轴肩圆角

（3）绘键槽。用样条曲线绘制键槽局部剖面图的波浪线，并进行图案填充。然后用"样条曲线"命令和"修剪"命令将轴断开，结果如图 9 – 1 – 54 所示。

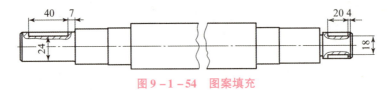

图 9 – 1 – 54　图案填充

（4）绘键槽剖面图和轴肩局部视图，如图 9 – 1 – 55 所示。

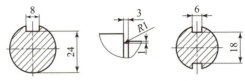

图 9 – 1 – 55　绘局部视图、剖视图

（5）整理图形，修剪多余线条，将图形调整至合适位置。

3. 标注尺寸和形位公差

关于标注尺寸见项目 7，在此仅以图中同轴度公差为例，说明形位公差的标注方法。

（1）选择"标注"→"公差"后，弹出"形位公差"对话框，如图 9 – 1 – 56 所示。

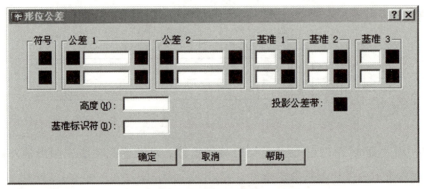

图 9 – 1 – 56　形位公差对话框

(2) 单击"符号"按钮，选取"同轴度"符号"◎"。

(3) 在"公差1"单击左边黑方框，显示"φ"符号，在中间框内输入公差值"0.015"。

(4) 在"基准1"左边方框内输入基准代号字母 A。

(5) 单击"确定"按钮，退出"形位公差"对话框。

(6) 用"旁注线"（L）命令绘指引线，结果如图9–1–57所示。

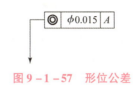

图9–1–57　形位公差

提示、注意、技巧：

(1) 用引线命令可同时画出指引线并注出形位公差。

(2) 表面粗糙度可定义为带属性的"块"来插入，插入时应注意块的大小和方向以及相应的属性值。

4. 填充内容

书写标题栏、技术要求中的文字。

至此，轴零件图绘制完成。

测　试

课堂小测
班级：　　　　　　　　　　　　　　　姓名：
一、填空题
1. AutoCAD 允许一幅图包含_____层。 2. 当前图层_____关闭。（能/不能） 3. AutoCAD 中块文件的扩展名是_____。 4. _____命令可以设置图纸边界。 5. AutoCAD 中用于绘制圆弧和直线结合体的命令为_____。
二、选择题
1. 要取消 AutoCAD 命令，应按下（　　）键。 　A."Ctrl"+"A"　　B."Ctrl"+"Break"　　C."Alt"+"A"　　D."Esc" 2. 打开正交方式的功能键为（　　）。 　A."F6"　　B."F7"　　C."F8"　　D."F9"

续表

课堂小测
班级：　　　　　　　　　　　　姓名：
二、选择题

3. 要表明绝对位置为（5，5）的点，用（　　）表示。

A. "@5，5"　　　　B. "#5，5"　　　　C. "5，5"　　　　D. "5＜5"

4. 绘制正多边形，给定同样的半径，外切于圆比内接于圆方式绘制的多边形（　　）。

A. 大　　　　　　B. 小　　　　　　C. 相等　　　　　D. 不能比较

5. AutoCAD 中包括的尺寸标注类型有（　　）。

A. 线性标注　　　B. 角度标注　　　C. 直径标注　　　D. 半径标注

E. 以上都是

附 录

附表1 普通螺纹直径与螺距系列（GB/T 193—2003）、基本尺寸（GB/T 196—2003）

mm

公称直径 D, d		螺距 P		粗牙中径	粗牙小径
第一系列	第二系列	粗牙	细牙	D_2, d_2	D_1, d_1
3		0.5	0.35	2.675	2.459
	3.5	(0.6)		3.110	2.850
4		0.7	0.5	3.545	3.245
	4.5	(0.75)		4.013	3.688
5		0.8		4.480	4.134
6		1	0.75 (0.5)	5.350	4.917
8		1.25	1, 0.75, (0.5)	7.188	6.647
10		1.5	1.25, 1, 0.75,	9.026	8.376
12		1.75	1.5, 1.25, 1, (0.75), (0.5)	10.863	10.106
	14	2	1.5, (1.25)*, 1, (0.75), (0.5)	12.701	11.835
16		2	1.5, 1, (0.75), (0.5)	14.701	13.835
	18	2.5	2, 1.5, 1 (0.75), (0.5)	16.376	15.294
16		2		18.376	17.294
	22	2.5	2, 1.5, 1 (0.75), (0.5)	20.376	19.294
24		3	2, 1.5, 1, (0.75)	22.051	20.752
	27	3	2, 1.5, 1, (0.75)	25.051	23.752
30		3.5	(3), 2, 1.5, 1, (0.75)	27.727	26.211
	33	3.5	(3), 2, 1.5, (1), (0.75)	30.727	29.211
36		4	3, 2, 1.5, (1)	33.402	31.670
	39	4		36.402	34.670
42		4.5	(4), 3, 2, 1.5, (1)	39.077	37.129
	45	4.5		42.077	40.129
48		5		44.752	42.587
	52	5		48.752	46.587
56		5.5	4, 3, 2, 1.5, (1)	52.428	50.046
	60	(5.5)		56.428	54.046
64		6		60.103	57.505
	68	6		64.103	61.505

注：1. 公称直径优先选用第一系列，第三系列未列入，括号内的螺距尽可能不用；
2. *：M14×1.25 仅用于火花塞

附表2　六角头螺栓—A级和B级（GB/T 5782—2000）

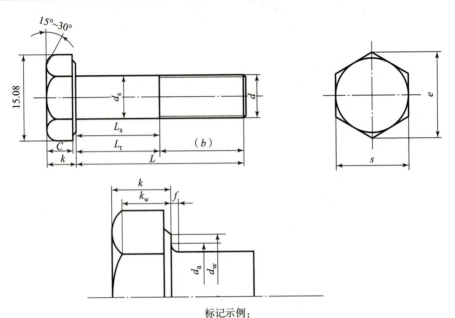

标记示例：

螺纹规格 d = M12、公称 L = 80 mm、性能等级为8.8级、

表面氧化、产品等级为A级的六角头螺栓：

螺栓 GB/T 5782 M12×80

mm

螺纹规格 d			M3	M4	M5	M6	M8	M10	M12	M16	M20	M24	M30	M36	M42
螺距 P			0.5	0.7	0.8	1	1.25	1.5	1.75	2	2.5	3	3.5	4	4.5
b 参考	$L_{公称}$ ≤125		12	14	16	18	22	26	30	38	46	54	66	—	—
	125 < $L_{公称}$ ≤200		18	20	22	24	28	32	36	44	52	60	72	84	96
	$L_{公称}$ >200		31	33	35	37	41	45	49	57	65	73	85	97	109
C	max		0.40	0.40	0.50	0.50	0.60	0.60	0.60	0.8	0.8	0.8	0.8	0.8	1.0
	min		0.15	0.15	0.15	0.15	0.15	0.15	0.15	0.2	0.2	0.2	0.2	0.2	0.3
d_a	max		3.6	4.7	5.70	6.8	9.20	11.2	13.7	17.7	22.4	26.4	33.4	39.4	45.6
d_s	公称 = max		3.00	4.00	5.00	6.00	8.00	10.00	12.00	16.00	20.00	24.00	30.00	36.00	42.00
	产品等级 min	A	2.86	3.82	4.82	5.82	7.78	9.78	11.73	15.73	19.67	23.67	—	—	—
		B	2.75	3.70	4.70	5.70	7.64	9.64	11.57	15.57	19.48	23.48	29.48	35.38	41.38
d_w min	产品等级	A	4.57	5.88	6.88	8.88	11.63	14.63	16.63	22.49	28.19	33.61	—	—	—
		B	4.45	5.74	6.74	8.74	11.47	14.47	16.47	22	27.7	33.25	42.75	51.11	59.95

续表

螺纹规格 d			M3	M4	M5	M6	M8	M10	M12	M16	M20	M24	M30	M36	M42
螺距 P			0.5	0.7	0.8	1	1.25	1.5	1.75	2	2.5	3	3.5	4	4.5
e_{min}	产品等级	A	6.01	7.66	8.79	11.05	14.38	17.77	20.03	26.75	33.53	39.88	—	—	—
		B	5.88	7.50	8.63	10.89	14.20	17.59	19.85	26.17	32.95	39.55	50.85	60.79	71.3
L_{fmax}			1	1.2	1.2	1.4	2	2	3	3	4	4	6	6	8
公称 L			2	2.8	3.5	4	5.3	6.4	7.5	10	12.5	15	18.7	22.5	26
k	产品等级 A	max	2.125	2.925	3.65	4.15	5.45	6.58	7.68	10.18	12.715	15.215	—	—	—
		min	1.875	2.675	3.35	3.85	5.15	6.22	7.32	9.82	12.285	14.785	—	—	—
	产品等级 B	max	2.2	3.0	3.74	4.24	5.54	6.69	7.79	10.29	12.85	15.35	19.12	22.92	26.42
		min	1.8	2.6	3.26	3.76	5.06	6.11	7.21	9.71	12.15	14.65	18.28	22.08	25.58
k_w min	产品等级	A	1.31	1.87	2.35	2.70	3.61	4.35	5.12	6.87	8.6	10.35	—	—	—
		B	1.26	1.82	2.28	2.63	3.54	4.28	5.05	6.8	8.51	10.26	12.8	15.46	17.91
r min			0.1	0.2	0.2	0.25	0.4	0.4	0.6	0.6	0.8	0.8	1	1	1.2
s	公称=max		5.50	7.00	8.00	10.00	13.00	16.00	18.00	24.00	30.00	36.00	46.00	55.0	65.00
	产品等级 A	min	5.32	6.78	7.78	9.78	12.73	15.73	17.73	23.67	29.67	35.38	—	—	—
	产品等级 B	min	5.20	6.64	7.64	9.64	12.57	15.57	17.57	23.16	29.16	35.00	45	53.8	63.1
L（产品规格范围）			20~30	25~40	25~50	30~60	40~80	45~100	50~120	65~160	80~200	90~240	110~300	140~360	160~440
L（系列）			20、25、30、35、40、45、50、55、60、65、70、80、90、100、110、120、130、140、150、160、180、200、220、240、260、280、300、340、360、380、400、440、460、480												

注：l_g 与 l_s 表中未列出

附表3 双头螺柱(GB/T 897—1988 等)

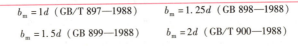

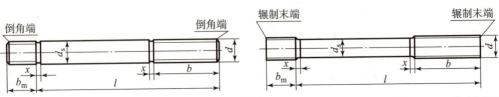

两端均为粗牙普通螺纹,$d=10$ mm,$l=50$ mm,性能等级为4.8级,不经表面处理,B型,$b_m=1d$ 的双头螺柱标记为:螺柱 GB/T 897—1988 M10×50

若为A型,则标记为:螺柱 GB/T 897—1988 AM10×50

旋入机件一端为粗牙普通螺纹,旋螺母一端为螺距 $P=1$ mm 的细牙普通螺纹,$d=10$ mm,$l=50$ mm,性能等级为4.8级,不经表面处理,A型,$b_m=1d$ 的双头螺柱标记为:螺柱 GB/T 897—1988 AM10−M10×1×50

mm

螺纹规格 d	b_m(公称)				l/b
	GB/T 897	GB 898—1988	GB 899—1988	GB/T 900—1988	
M2			3	4	(12~16)/6,(20~25)/10
M2.5			3.5	5	16/8,(20~30)/11
M3			4.5	6	(16~20)/6,(25~40)/12
M4			6	8	(16~20)/8,(25~40)/14
M5	5	6	8	10	(16~20)/10,(25~50)/16
M6	6	8	10	12	20/10,(25~30)/14,(35~70)/18
M8	8	10	12	16	20/12,(25~30)/16,(35~90)/22
M10	10	12	15	20	25/14,(30~35)/16,(40~120)/26,130/32
M12	12	15	18	24	(25~30)/16,(35~40)/20,(45~120)/30,(130~180)/36
M16	16	20	24	32	(30~35)/20,(40~50)/30,(60~120)/38,(130~200)/44
M20	20	25	30	40	(35~40)/25,(45~60)/35,(70~120)/46,(130~200)/52
M24	24	30	36	48	(45~50)/30,(60~70)/45,(80~120)/54,(130~200)/60
M30	30	38	45	60	60/40,(70~90)/50,(100~200)/66,(130~200)/72,(210~250)/85
M36	36	45	54	72	70/45,(80~110)/60,120/78,(130~200)/84,(210~300)/97
M42	42	52	63	84	(70~80)/50,(90~110)/70,120/90,(130~200)/96,(210~300)/109
M48	48	60	72	96	(80~90)/60,(100~110)/80,120/102,(130~90)/108,(210~300)/121
l(系列)	12,16,20,25,30,35,40,45,50,60,70,80,90,100,110,120,130,140,150,160,170,180,190,200,210,220,230,240,250,260,280,300				

附表 4 I 型六角螺母 A 级和 B 级（GB/T 6170—2000）

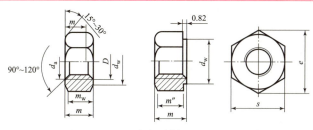

标记示例

螺纹规格 D = M12、性能等级为 8 级、表面氧化、不经表面处理、产品等级为 A 级的 I 型六角螺母的标记：
螺母 GB/T 6170—2015 M12

mm

螺纹规格 D		M2	M2.5	M3	M4	M5	M6	M8	M10	M12
螺距 P		0.4	0.45	0.5	0.7	0.8	1	1.25	1.5	1.75
c max		0.20	0.30	0.40	0.40	0.50	0.50	0.60	0.60	0.60
d_a	max	2.30	2.90	3.45	4.60	5.75	6.75	8.75	10.80	13.00
	min	2.00	2.50	3.00	4.00	5.00	6.00	8.00	10.00	12.00
d_w min		3.10	4.10	4.60	5.90	6.90	8.90	11.60	14.60	16.60
e min		4.32	5.45	6.01	7.66	8.79	11.05	14.38	17.77	20.03
m	max	1.60	2.00	2.40	3.20	4.70	5.20	6.80	8.40	10.80
	min	1.35	1.75	2.15	2.90	4.40	4.90	6.44	8.04	10.37
m_w min		1.10	1.40	1.70	2.30	3.50	3.90	5.20	6.40	8.30
s	公称 = max	4.00	5.00	5.50	7.00	8.00	10.0	13.00	16.00	18.00
	min	3.82	4.82	5.32	6.78	7.78	9.78	12.73	15.73	17.73
螺纹规格 D		M16	M20	M24	M30	M36	M42	M48	M56	M64
螺距 P		2	2.5	3	3.5	4	4.5	5	5.5	6
c max		0.80	0.80	0.80	0.80	0.80	1.00	1.00	1.00	1.00
d_a	max	17.30	21.60	25.90	32.40	38.90	45.40	51.80	60.50	69.10
	min	16.00	20.00	24.00	30.00	36.00	42.00	48.00	56.00	64.00
d_w min		22.50	27.70	33.30	42.80	51.10	60.00	69.50	78.70	88.20
e min		26.75	32.95	39.55	50.85	60.79	71.30	82.60	93.56	104.86
m	max	14.80	18.00	21.50	25.60	31.00	34.00	38.00	45.00	51.00
	min	14.10	16.90	20.20	24.30	29.40	32.40	36.40	43.40	49.10
m_w min		11.30	13.50	16.20	19.40	23.50	25.90	29.10	34.70	39.30
s	公称 = max	24.00	30.00	36.00	46.00	55.00	65.00	75.00	85.00	95.00
	min	23.67	29.16	35.00	45.00	53.80	63.10	73.10	82.80	92.80

注：1. A 级用于 $D \leqslant 16$ mm 的螺母；B 级用于 >16 mm 的螺母。本表仅按优先的螺纹规格列出。
    2. 螺纹规格为 M1.6 ~ M64、细牙、A 级和 B 级的 I 型六角螺母，请查阅 GB/T 6171—2015

附表5 小垫圈—A级（GB/T 97.1—2002）、大垫圈—A级（GB/T 96.1—2002）平垫圈—倒角型—A级（GB/T 97.2—2002）

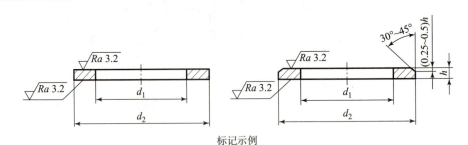

标记示例

标准系列，规格8 mm，性能等级为200HV，不经表面处理的平垫圈：垫圈 GB/T 97.1 8

规格（螺纹大径）			3	4	5	6	8	10	12	16	20	24	30	36
内径 d_1	公称(min)	GB/T 848—2002	3.2	4.3	5.3	6.4	8.4	10.5	13	17	21	25	31	37
		GB/T 97.1—2002												
		GB/T 97.2—2002	—	—										
		GB/T 96.1—2002	3.2	4.3							21	25	33	39
	max	GB/T 848—2002	3.38	4.48	5.48	6.62	8.62	10.77	13.27	1727	21.33	25.33	31.39	37.62
		GB/T 97.1—2002												
		GB/T 97.2—2002	—	—										
		GB/T 96.1—2002	3.38	4.48							21.33	25.52	33.62	39.62
外径 d_2	公称(max)	GB/T 848—2002	6	8	9	11	15	18	20	28	34	39	50	60
		GB/T 97.1—2002	7	9	10	12	16	20	24	30	37	44	56	66
		GB/T 97.2—2002	—	—										
		GB/T 96.1—2002	9	12	15	18	24	30	37	50	60	72	92	110
	min	GB/T 848—2002	5.7	7.64	8.64	10.57	14.57	17.57	19.48	27.48	33.38	38.38	49.38	58.8
		GB/T 97.1—2002	6.64	8.64	9.64	11.57	15.57	19.48	23.48	29.48	36.38	43.38	55.26	64.8
		GB/T 97.2—2002	—	—										
		GB/T 96.1—2002	8.64	11.57	14.57	17.57	23.48	29.48	36.38	49.38	58.1	70.8	90.6	108.6
厚度 h	公称	GB/T 848—2002	0.5	0.5	1	1.6	1.6	1.6	2	2.5	3	4	4	5
		GB/T 97.1—2002		0.8										
		GB/T 97.2—2002	—	—										
		GB/T 96.1—2002	0.8	1	1	1.6	2	2.5	3	4	5	6	8	
	max	GB/T 848—2002	0.55	0.55	1.1	1.8	1.8	1.8	2.2	2.7	3.3	4.3	4.3	5.6
		GB/T 97.1—2002		0.9										
		GB/T 97.2—2002	—	—										
		GB/T 96.1—2002	0.9	1.1	1.1	1.8	2.2	2.7	3.3	4.3	5.6	6.6	9	

续表

规格（螺纹大径）		3	4	5	6	8	10	12	16	20	24	30	36
厚度 h	GB/T 848—2002	0.45	0.45	0.9	1.4	1.4	1.4	1.8	2.3	2.7	3.7	3.7	4.4
min	GB/T 97.1—2002	0.45	0.7				1.8	2.3	2.7				
	GB/T 97.2—2002	—	—										
	GB/T 96.1—2002	0.7	0.9	0.9	1.4	1.8	2.3	2.7	2.7	3.7	4.4	5.4	7

附表6 标准型弹簧垫圈（GB/T 93—1987）、轻型弹簧垫圈（GB/T 859—1987）

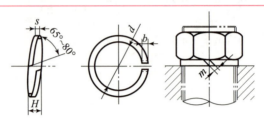

标记示例

规格 16 mm、材料 65 Mn、表面氧化的标准型弹簧垫圈：垫圈 GB 93—1987 16
规格 16 mm、材料 65 Mn、表面氧化的轻型弹簧垫圈：垫圈 GB 859—1987 16

mm

规格（螺纹大径）			2	2.5	3	4	5	6	8	10	12	16	20	24	30	36	42
d	min		2.1	2.6	3.1	4.1	5.1	6.1	8.1	10.2	12.2	16.2	20.2	24.5	30.5	36.5	42.5
	max		2.35	2.85	3.4	4.4	5.4	6.68	8.68	10.9	12.9	16.9	21.04	25.5	31.5	37.7	43.7
$s(b)$	GB/T 93—1987		0.5	0.65	0.8	1.1	1.3	1.6	2.1	2.6	3.1	4.1	5	6	7.5	9	10.5
$S_{公称}$	GB/T 859—1987		—	—	0.6	0.8	1.1	1.3	1.6	2	2.5	3.2	4	5	6	—	—
$b_{公称}$	GB/T 859—1987		—	—	1	1.2	1.5	2	2.5	3	3.5	4.5	5.5	7	9	—	—
H	GB/T 93—1987	min	1	1.3	1.6	2.2	2.6	3.2	4.2	5.2	6.2	8.2	10	12	15	18	21
		max	1.25	1.63	2	2.75	3.25	4	5.25	6.5	7.75	10.25	12.5	15	18.75	22.5	26.25
	GB/T 859—1987	min	—	—	1.2	1.6	2.2	2.6	3.2	4	5	6.4	8	10	12	—	—
		max	—	—	1.5	2	2.75	3.25	4	5	6.25	8	10	12.5	15	—	—
$m\leqslant$	GB/T 93—1987	min	0.25	0.33	0.4	0.55	0.65	0.8	1.05	1.3	1.55	2.05	2.5	3	3.75	4.5	5.25
	GB/T 859—1987	max	—	—	0.3	0.4	0.55	0.65	0.8	1	1.25	1.6	2	2.5	3	—	—

注：$m > 0$

附表7 开槽圆柱头螺钉（GB/T 65—2000）、开槽盘头螺钉（GB/T 67—2000）

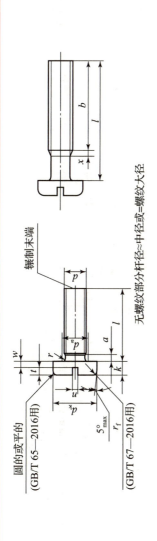

圆的或平的
(GB/T 65—2016用)
(GB/T 67—2016用)

辊制末端

无螺纹部分杆径≈中径或≈螺纹大径

标记示例：

螺纹规格 d=M5、公称长度 l=20 mm、性能等级为4.8级、不经表面处理的 A 级开槽圆柱头螺钉：
螺钉 GB/T 65 M5×20

螺纹规格 d=M5、公称长度 l=20 mm、性能等级为4.8级、不经表面处理的 A 级开槽盘头螺钉：
螺钉 GB/T 67 M5×20

螺纹规格 d			M1.6	M2	M2.5	M3	M4	M5	M6	M8	M10
P			0.35	0.4	0.45	0.5	0.7	0.8	1	1.25	1.5
a	max		0.7	0.8	0.9	1.0	1.4	1.6	2.0	2.5	3.0
b	min		25	25	25	25	38	38	38	38	38
d_k	GB/T 65—2016	公称=max	3.00	3.80	4.50	5.50	7.00	8.50	10.00	13.00	16.00
		min	2.86	3.62	4.32	5.32	6.78	8.28	9.78	12.73	15.73
	GB/T 67—2016	公称=max	3.2	4.0	5.0	5.6	8.00	9.50	12.00	16.00	20.00
		min	2.9	3.7	4.7	5.3	7.64	9.14	11.57	15.57	19.48

229

续表

螺纹规格 d			M1.6	M2	M2.5	M3	M4	M5	M6	M8	M10
k	公称 =max	GB/T 65—2016	1.10	1.40	1.80	2.00	2.60	3.30	3.9	5.0	6.0
	min		0.96	1.26	1.66	1.86	2.46	3.12	3.6	4.7	5.7
	公称 =max	GB/T 67—2016	1.00	1.30	1.50	1.80	2.40	3.00	3.6	4.8	6.0
	min		0.86	1.16	1.36	1.66	2.26	2.88	3.3	4.5	5.7
n	max		0.60	0.70	0.80	1.00	1.51	1.51	1.91	2.31	2.81
	min		0.46	0.56	0.66	0.86	1.26	1.26	1.66	2.06	2.56
r	min		0.10	0.10	0.10	0.10	0.20	0.20	0.25	0.40	0.40
r_f	参考		0.5	0.6	0.8	0.9	1.2	1.5	1.8	2.4	3
t	min	GB/T 65—2016	0.45	0.60	0.70	0.85	1.10	1.30	1.60	2.00	2.40
		GB/T 67—2016	0.35	0.5	0.6	0.7	1	1.2	1.4	1.9	2.4
w	min	GB/T 65—2016	0.40	0.50	0.70	0.75	1.10	1.30	1.60	2.00	2.40
		GB/T 67—2016	0.3	0.4	0.5	0.7	1	1.2	1.4	1.9	2.4
x	min		0.90	1.00	1.10	1.25	1.75	2.00	2.50	3.20	3.80
l（商品规格范围公称长度）			2～16	2.5~20	3～2.5	4~30	5~40	6~50	8~60	10~80	12~80
l（系列）			2，2.5，3，4，5，6，8，10，12，(14)，16，20，25，30，35，40，45，50，(55)，60，(65)，70，(75)，80								

注：1. 螺纹规格 d=M1.6～M3、公称长度 l≤30 mm的螺钉，应制出全螺纹；螺纹规格≤d=M4～M10、公称长度 l≤40 mm的螺钉，应制出全螺纹（$b=l-a$）。
2. 尽可能不采用括号内的规格

附表8 开槽沉头螺钉（GB/T 68—2000）、开槽半沉头螺钉（GB/T 69—2000）

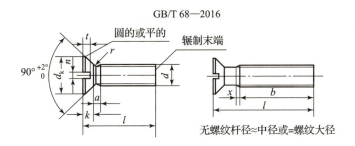

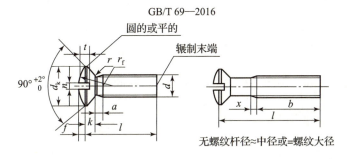

标记示例

螺纹规格 d=M5、公称长度 l=20 mm、性能等级为4.8级、不经表面处理的A级开槽沉头螺钉：

螺钉 GB/T 68 M5×20

mm

螺纹规格 d			M1.6	M2	M2.5	M3	M4	M5	M6	M8	M10
P			0.35	0.4	0.45	0.5	0.7	0.8	1	1.25	1.5
a		max	0.7	0.8	0.9	1.0	1.4	1.6	2.0	2.5	3.0
b		min	25	25	25	25	38	38	38	38	38
d_k	理论值	公称=max	3.6	4.4	5.5	6.3	9.4	10.4	12.6	17.3	20
	实际值	max	3.0	3.8	4.7	5.5	8.40	9.30	11.30	15.80	18.30
		min	2.7	3.5	4.4	5.2	8.04	8.94	10.87	15.37	17.78
f		≈	0.4	0.5	0.6	0.7	1	1.2	1.4	2	2.3
k	公称=max		1	1.2	1.5	1.65	2.7	2.7	3.3	4.65	5
n		nom	0.4	0.5	0.6	0.8	1.2	1.2	1.6	2	2.5
		max	0.60	0.70	0.80	1.00	1.51	1.51	1.91	2.31	2.81
		min	0.46	0.56	0.66	0.86	1.26	1.26	1.66	2.06	2.56

续表

螺纹规格 d			M1.6	M2	M2.5	M3	M4	M5	M6	M8	M10
r	max		0.4	0.5	0.6	0.8	1	1.3	1.5	2	2.5
t	max	GB/T 68 — 2016	0.50	0.6	0.75	0.85	1.3	1.4	1.6	2.3	2.6
	min		0.32	0.4	0.50	0.60	1.0	1.1	1.2	1.8	2.0
	max	GB/T 69 — 2016	0.80	1.0	1.2	1.45	1.9	2.4	2.8	3.7	4.4
	min		0.64	0.8	1.0	1.20	1.6	2.0	2.4	3.2	3.8
x	min		0.90	1.00	1.10	1.25	1.75	2.00	2.50	3.20	3.80
l（商品规格范围公称长度）			2.5~16	3~20	4~2.5	5~30	6~40	8~50	8~60	10~80	12~80
l（系列）		2.5，3，4，5，6，8，10，12，(14)，16，20，25，30，35，40，45，50，(55)，60，(65)，70，(75)，80									

注：1. 公称长度 $l \leqslant 30$ mm，而螺纹规格 d 在M1.6~M3的螺钉，应制出全螺纹；公称长度 $l \leqslant 45$ mm，而螺纹规格在M4~M10的螺钉也应制出全螺纹 $[b=l-(k+a)]$。

2. 尽可能不采用括号内的规格

附表9 开槽锥端紧定螺钉（GB/T 71—2000）、开槽平端紧定螺钉（GB/T 73—2000）、开槽长圆柱端紧定螺钉（GB/T 75—2000）

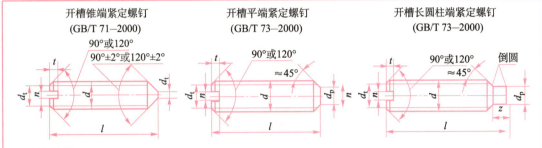

标记示例：

螺钉 GB/T 71 M5×20

（螺纹规格 d = M5、公称长度 l = 20mm、性能等级为14H级、表面氧化的开槽锥端紧定螺钉）

mm

螺纹规格 d	p	d_f	$d_{t\,max}$	$d_{p\,max}$	n公称	t_{max}	z_{max}	l范围		
								GB 71	GB 73	GB 75
M2	0.4	螺纹小径	0.2	1	0.25	0.84	1.25	3~10	2~10	3~10
M3	0.5		0.3	2	0.4	1.05	1.75	4~16	3~16	5~16
M4	0.7		0.4	2.5	0.6	1.42	2.25	6~20	4~20	6~20
M5	0.8		0.5	3.5	0.8	1.63	2.75	8~25	5~25	8~25
M6	1		1.5	4	1	2	3.25	8~30	6~30	8~30
M8	1.25		2	5.5	1.2	2.5	4.3	10~40	8~40	10~40
M10	1.5		2.5	7	1.6	3	5.3	12~50	10~50	12~50
M12	1.75		3	8.5	2	3.6	6.3	14~60	12~60	14~60
l系列	2、2.5、3、4、5、6、8、10、12、(14)、16、20、25、30、35、40、45、50、(55)、60									

注：螺纹公差：6g；机械性能等级：14H、22H；产品等级：A

附表10 平键键槽的剖面尺寸（GB/T 1095—2003）、普通平键的形式和尺寸（GB/T 1096—2003）

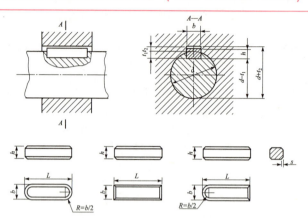

标记示例：
GB/T 1096—2003 键 16×10×100（圆头普通型平键，$b=16$ mm，$h=10$ mm，$L=100$ mm）
GB/T 1096—2003 键 B16×10×100（平头普通型平键，$b=16$ mm，$h=10$ mm，$L=100$ mm）
GB/T 1096—2003 键 C16×10×100（单圆头普通型平键，$b=16$ mm，$h=10$ mm，$L=100$ mm）

mm

键		键槽									
尺寸 $(b\times h)$	长度 (L)	宽度 (b)					深度				半径 (r)
		基本尺寸 (b)	极限偏差				轴 (t_1)		毂 (t_2)		
			松连接		正常连接		紧密连接	公称	偏差	公称	偏差	最大	最小
			轴 H9	毂 D10	轴 N9	毂 JS9	轴和毂 P9						
4×4	8~45	4	+0.030 0	+0.078 +0.030	0 −0.030	±0.015	−0.012 −0.042	2.5	+0.1 0	1.8	+0.1 0	0.08	0.16
5×5	10~56	5						3.0		2.3			
6×6	14~70	6						3.5		2.8		0.16	0.25
8×7	18~90	8	+0.036 0	+0.098 +0.040	0 −0.036	±0.018	−0.015 −0.051	4.0		3.3			
10×8	22~110	10						5.0		3.3			
12×8	28~140	12	+0.043 0	+0.120 +0.050	0 −0.043	±0.0215	−0.018 −0.061	5.0	+0.2 0	3.3	+0.2 0	0.25	0.40
14×9	36~160	14						5.5		3.8			
16×10	45~180	16						6.0		4.3			
18×11	50~200	18						7.0		4.4			
20×12	56~220	20	+0.052 0	+0.149 +0.065	0 −0.052	±0.062	−0.022 −0.074	7.5		4.9		0.40	0.60
22×14	63~250	22						9.0		5.4			
25×14	70~280	25						9.0		5.4			
28×16	80~320	28						10		6.4			

L 6~22（2进位），25，28，32，36，40，45，50，56，63，70，80，90，100，110，125，140，160，180，200，220，250，280，320，360，400，450和500

注：1. $(d-t_1)$ 和 $(d+t_2)$ 两组组合尺寸的极限偏差按相应的 t_1 和 t_2 的极限偏差选取，但 $(d-t_1)$ 极限偏差应取负号（−）。

2. 键 b 的极限偏差为 h8，键 h 的极限偏差为 h11，键长 L 的极限偏差为 h14。

附表 11　圆柱销（GB/T 119.1—2000）

标记示例：

公称直径 d = 8 mm，公差为 m6，长度 l = 30 mm，材料 35 钢，不经淬火，以及不经表面处理的圆柱销：销　GB/T 119.1　8　m6×30

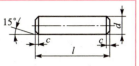

mm

d	1	1.2	1.5	2	2.5	3	4	5	6	8	10	12
$c \approx$	0.20	0.25	0.30	0.35	0.40	0.50	0.63	0.80	1.2	1.6	2	2.5
$l_{系列}$	2，3，4，5，6，8，10，12，14，16，18，20，22，24，26，28，30，32，35，40，45，50，55，60，65，70，75，80，85，90，95，100，120，140											

附表 12　圆锥销（GB/T 117—2000）

标记示例：

公称直径 d = 10 mm、长度 l = 60 mm、材料 35 钢、热处理硬度 28～38 HRC、经表面氧化处理的 A 型圆锥销：销 GB/T 117　10×60

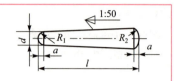

mm

d	1	1.2	1.5	2	2.5	3	4	5	6	8	10	12
a	0.12	0.16	0.2	0.25	0.3	0.4	0.5	0.63	0.8	1	1.2	1.6
l 系列	2, 3, 4, 5, 6, 8, 10, 12, 14, 16, 18, 20, 22, 24, 26, 28, 30, 32, 35, 40, 50, 55, 60, 65, 70, 75, 80, 85, 90, 95, 100, 120, 140, 160, 180											

机械制图习题集

主编 王亚茹 姜冰 王冬雪

北京理工大学出版社
BEIJING INSTITUTE OF TECHNOLOGY PRESS

目 录

项目 1　平面图形绘制 …………………………………………………………（ 1 ）

项目 2　绘制并识读支撑座三视图 ……………………………………………（ 11 ）

项目 3　绘制并识读组合体三视图 ……………………………………………（ 20 ）

项目 4　绘制轴测图 ……………………………………………………………（ 33 ）

项目 5　绘制并识读螺纹件三视图 ……………………………………………（ 35 ）

项目 6　徒手绘制简单零件图 …………………………………………………（ 44 ）

项目 7　测绘一级直齿圆柱齿轮减速器从动轴 ………………………………（ 45 ）

项目 8　测绘一级直齿圆柱齿轮减速器从动轴组件装配示意图及装配图 …（ 52 ）

项目 9　AutoCAD 绘制并识读方形螺母零件图 ……………………………（ 55 ）

项目 1　平面图形绘制

机械制图标准　序号　名称　件数　重量　材料　备注　比例　日期

结构分析　箱体盖板　轴承　瓦　挡圈　套筒　尾架　定位套　密封盖　单向阀　活塞球

a b c d e f g h i j k l m n o p q r s t u v w x y z

1 2 3 4 5 6 7 8 9 0 φ R　　A B C D E F G H I J K L M

1. 大作业
(1) 字体练习。

班级　　　姓名　　　学号

— 1 —

2. 作业指导

(1) 目的。
① 熟悉主要线型的规格,掌握图板及标题栏的画法。
② 熟悉并遵守国家标准关于图幅、图线及字体等的有关规定。

(2) 内容。
按图中所给尺寸,按比例为 1:1 抄绘。

(3) 图幅。
A4 图纸竖放。

(4) 作图步骤。
① 用透明胶带纸把图纸固定在图板的左下方,然后按照 A4 图纸幅面的规定画出图幅线和图框线的底稿。
② 按右图所给尺寸画图形的底稿。
③ 检查后加深,加深时应按先曲后直、先粗后细的顺序进行。
④ 仔细审核后,按图幅线裁图。

(5) 注意事项。
① 铅笔的使用:底稿使用 2H 或 H 型号;描深粗实线使用 B 或 2B 型号;虚线、细实线、点画线、字体、箭头使用 HB 型号。
② 图中粗线型宽度推荐采用 $d=0.7$ mm。
③ 标题栏中字体应打格书写,汉字写成长仿宋体;图名 7 号字,其他采用 5 号字。
④ 图中不标注尺寸。
⑤ 注意保持图面整洁。

3. 线型练习

完成图形中左右对称的各种图线。

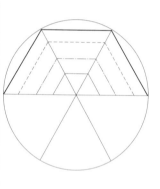

4. 下列图形绘图比例不同，判断其尺寸标注是否正确（在正确的题号上画"√"）。

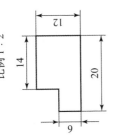

比例 1 : 1

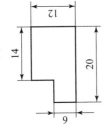

比例 1 : 2

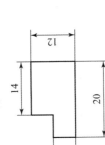

比例 1 : 2

5. 下列两图的尺寸标注哪一个是错误的？（在错误的题号上画"×"，并指出错误原因。）

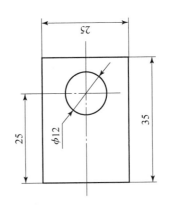

错误原因：

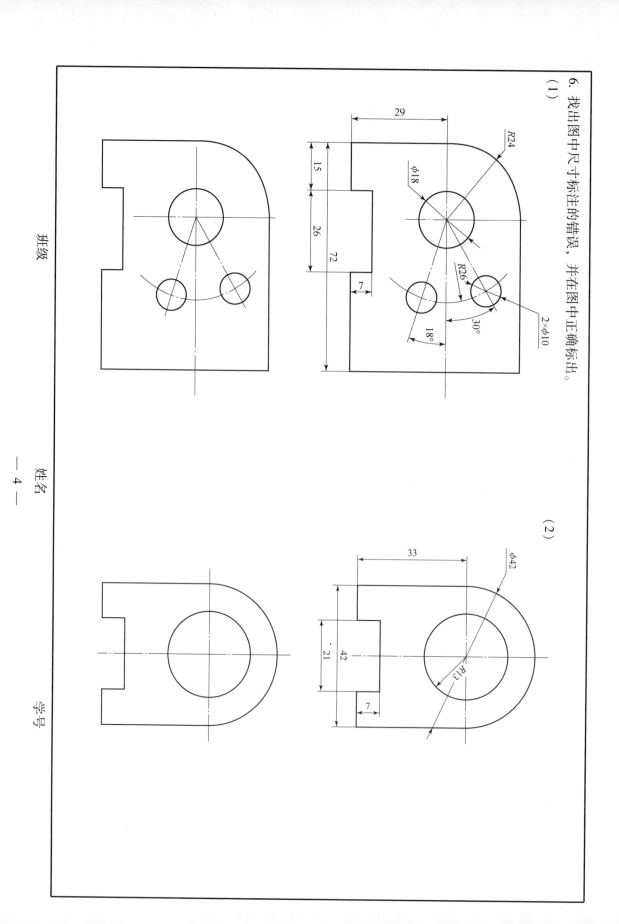

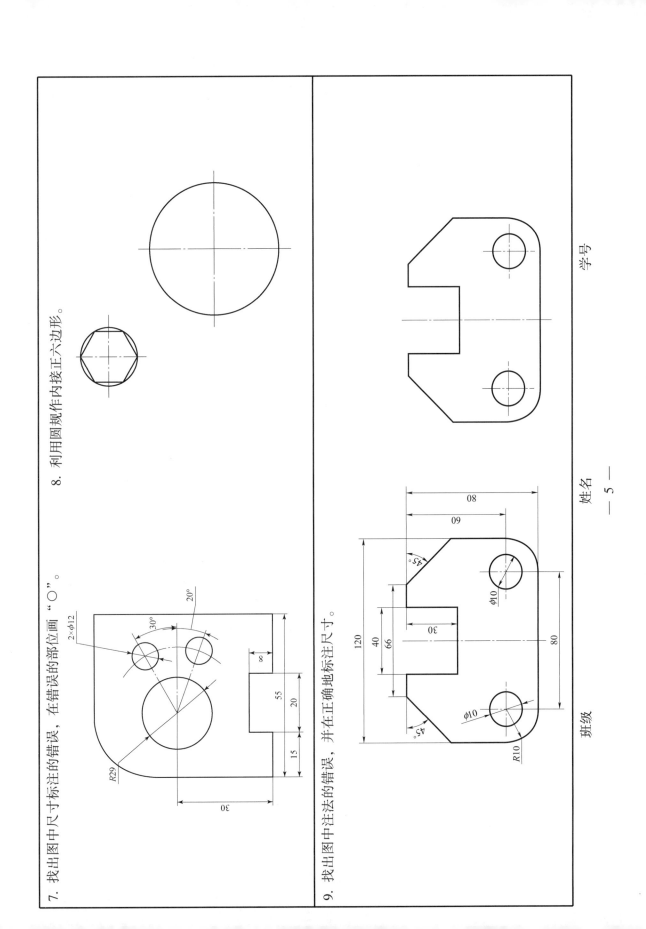

10. 按 1∶1 的比例完成下面的图形，保留求连接弧圆心和连接点（切点）的作图线。

11. 在空白图纸上画平面图形（1∶2 比例）。

12. 在 A3 纸上按 2∶1 比例抄画图形及尺寸。

13. 按规定的斜度，补画下列图形中所缺的图线。

14. 按图中给定的尺寸，按 1：2 比例抄画图形并标注锥度。

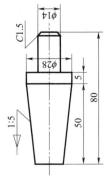

15. 按图中给定的尺寸（比例 1：1）抄画图形，并标注锥度。

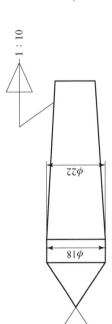

16. 用四心近似画法画椭圆（长轴为 90 mm，短轴为 50 mm）。

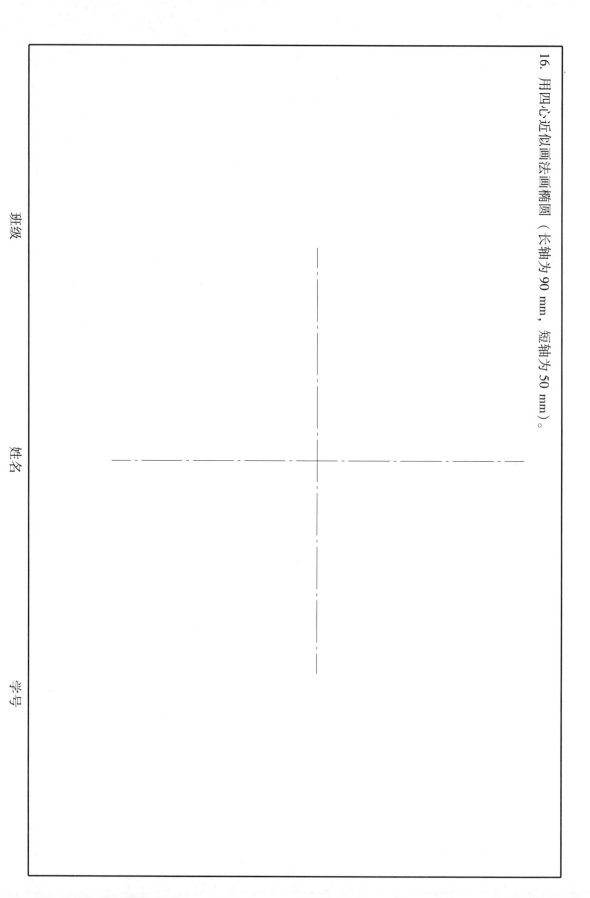

17. 大作业：几何作图

作业指导

（1）目的。
①掌握线段连接、圆弧连接的基本作图方法。
②熟悉平面图形的绘图步骤和尺寸注法。

（2）内容。
根据图中所给尺寸，按1：1比例抄绘。

（3）图幅。
A4图纸竖放。

（4）作图步骤。
①分析图形中尺寸的作用及线段性质，确定绘图步骤。
②按图中所给尺寸画底稿。
③检查后加深。
④标注尺寸，填写标题栏。

（5）注意事项。
①绘制图形时，留足标注尺寸的位置，使图形布置均匀。
②画底稿时，做图线粗细准确，连接弧的圆心及切点要准确。
③加深时按先粗后细，先曲后直，先水平后垂直，倾斜的顺序绘制，尽量做到同类图线规格一致，连接光滑。
④箭头应符合规定，不要遗漏尺寸和箭头。
⑤注意保持图面整洁。

按1：1比例把下面图形抄画在A3图纸上。

项目 2 绘制并识读支撑座三视图

1. 看懂立体图，按箭头所指的方向看去，选择正确的视图。

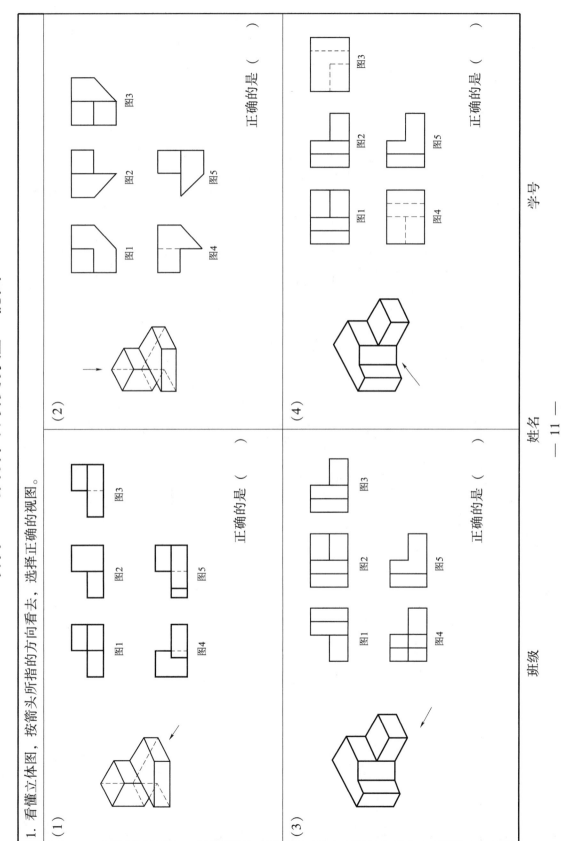

2. 根据轴测图，看懂三视图，补画视图中所缺图线

(1)

(2)

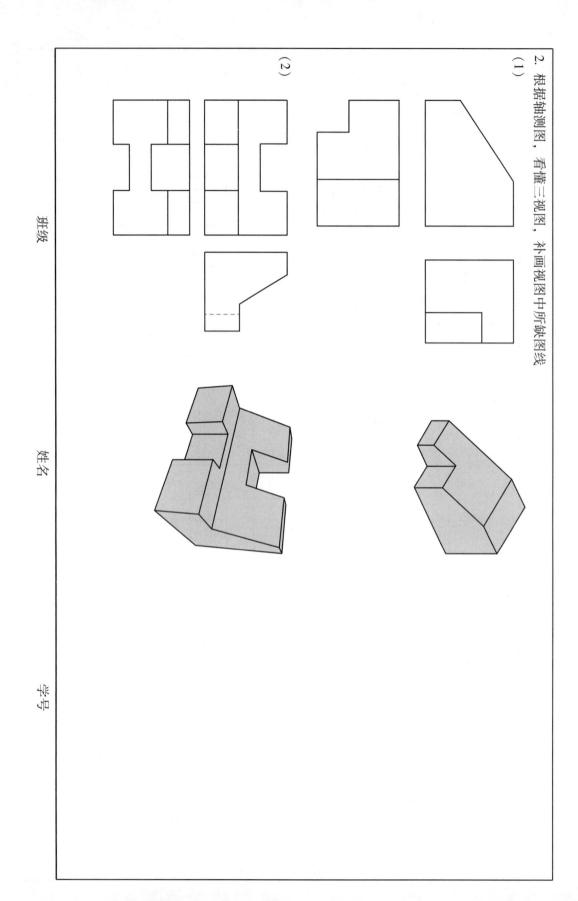

班级　　　　　姓名　　　　　学号

3. 已知两点的一面投影，点 E 距 V 面 32 mm，点 F 在 H 面上，求点 E、点 F 的另两面投影。

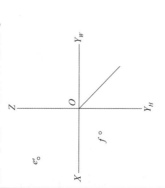

4. 已知点 B 在点 A 的左 17 mm、前 13 mm、上 12 mm 处，求点 B 的三面投影。

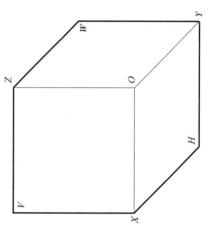

5. 已知点 A 的坐标为 (10, 25, 20)、点 B 的坐标为 (20, 15, 25)，完成它们的三面投影图和立体图。

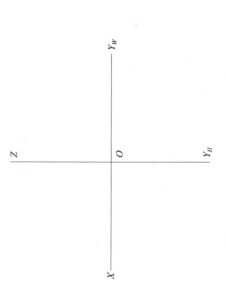

6. 已知点 A 距 H 面 25，距 V 面 15，距 W 面 20。点 B 在点 A 的正上方 10 处，点 C 在点 A 前方 10，左方 10，下方 15 处，求作 A、B、C 三点的三面投影。

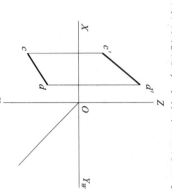

7. 已知 A（20，8，5），B（5，18，20），求作直线 AB 的三面投影。

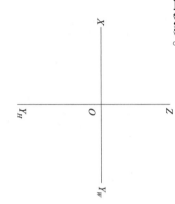

8. 已知直线 CD 的两面投影，求作第三面投影。

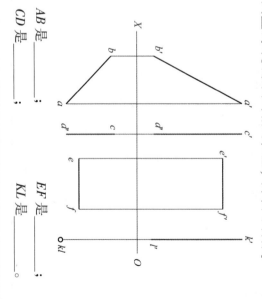

9. 判断下列直线对投影面的相对位置，并填写名称。

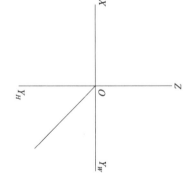

AB 是 _____ ; EF 是 _____ ;
CD 是 _____ ; KL 是 _____ 。

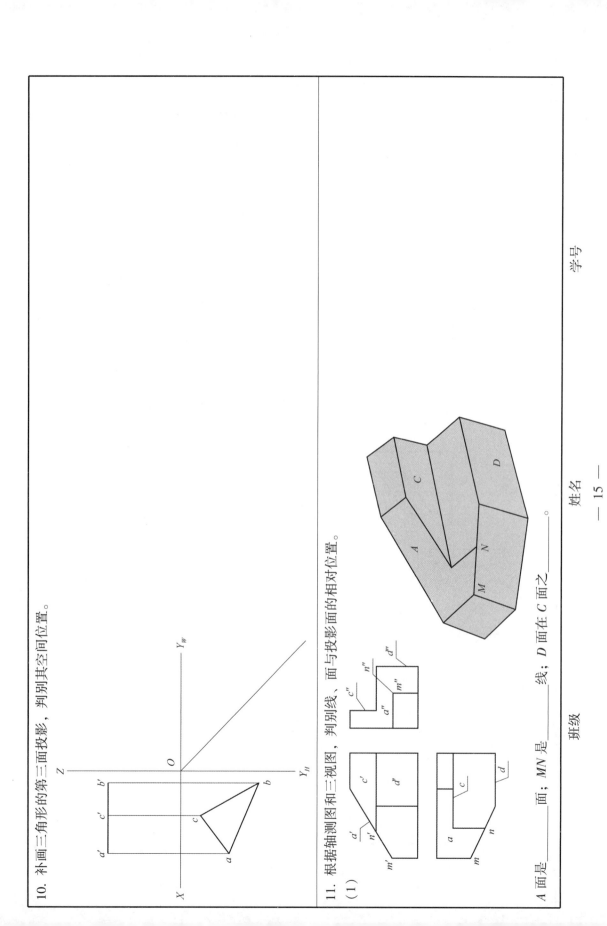

11. 根据轴测图和三视图，判别线、面与投影面的相对位置。

(2)

P 面是_____面；A 面在 B 面之_____；Q 面是_____面。

12. 用不同的阴影涂出下列物体上表面 A、B、C 的三面投影，在立体图中相应位置用同样阴影涂出，并判断它们的空间位置。

A 面是_____面；
B 面是_____面；
C 面是_____面。

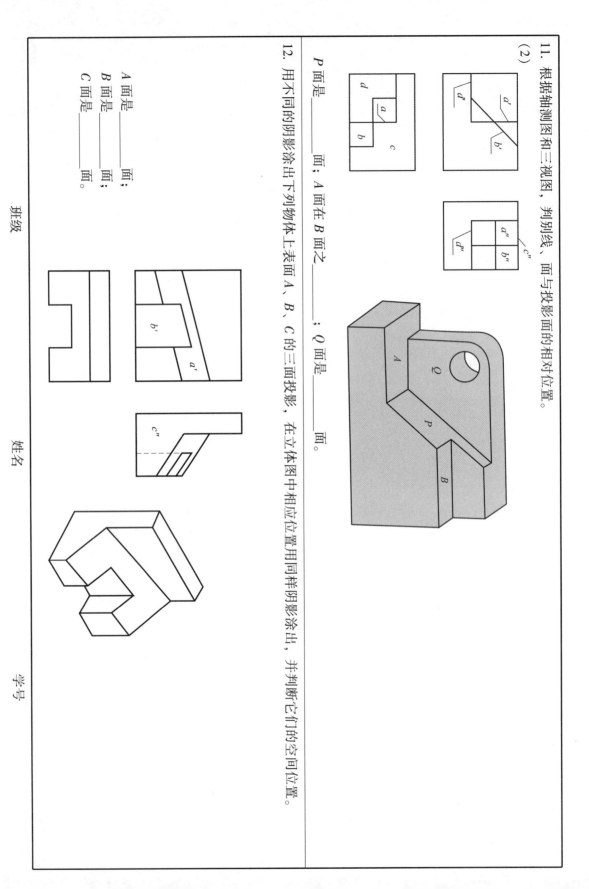

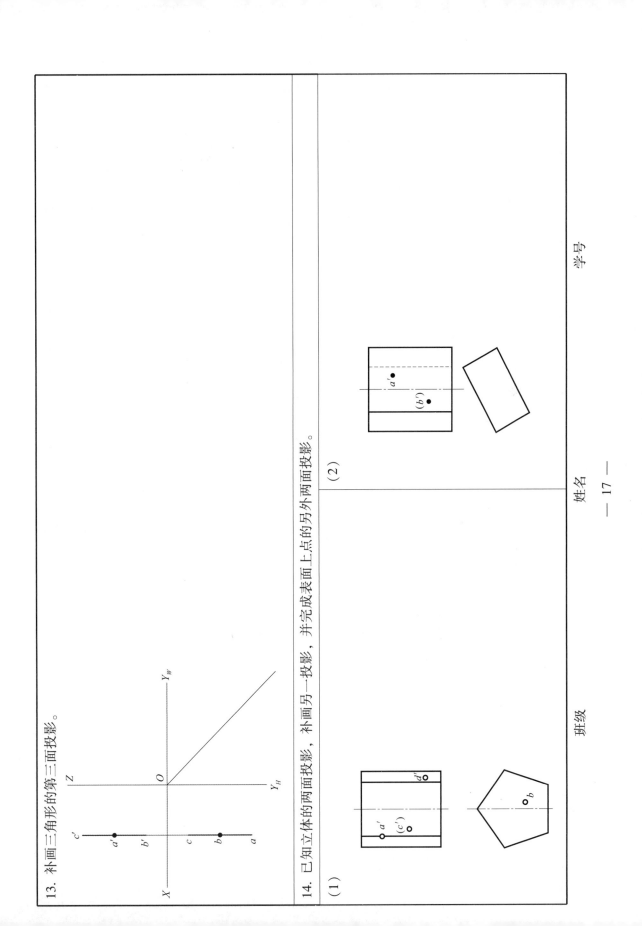

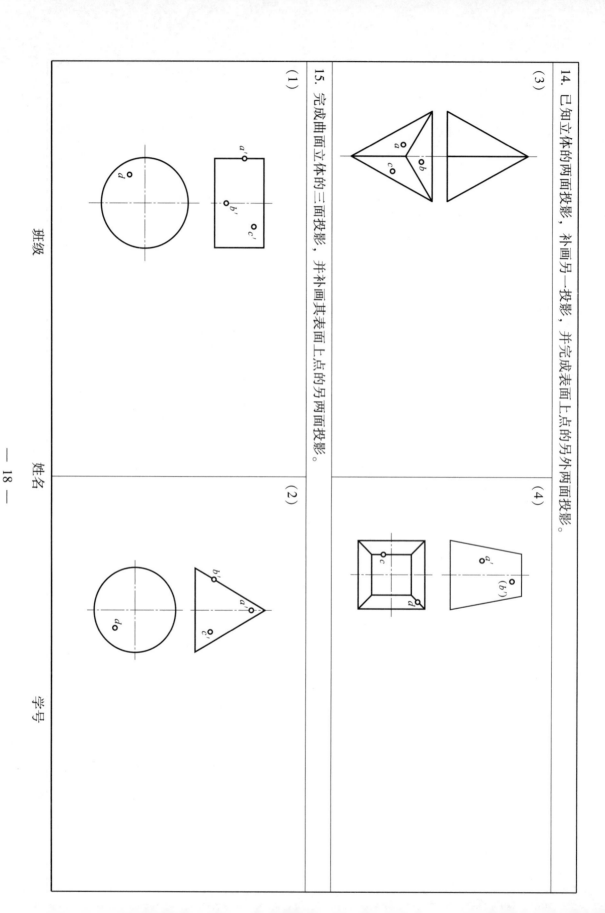

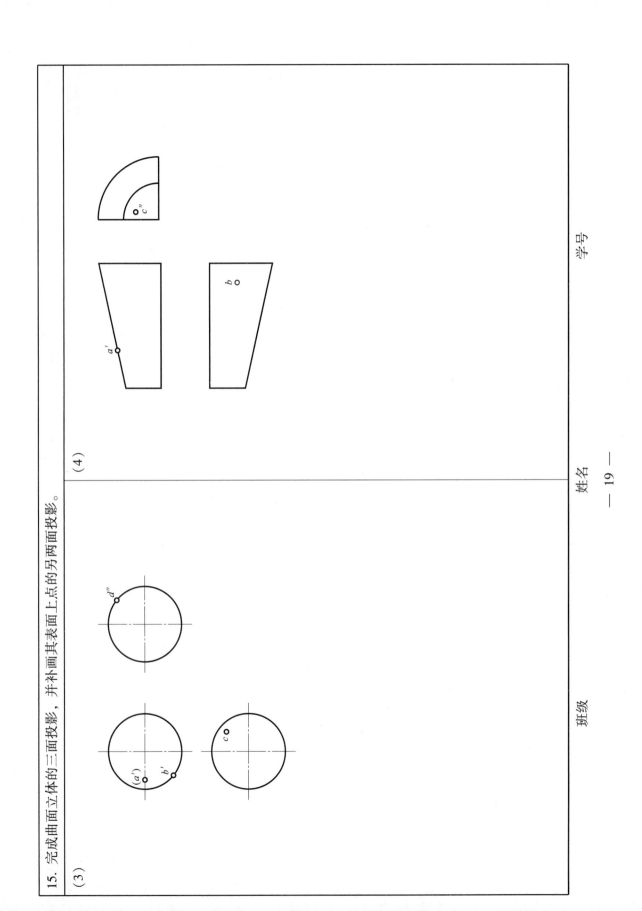

项目 3 绘制并识读组合体三视图

1. 根据轴测图判别正确的左视图。

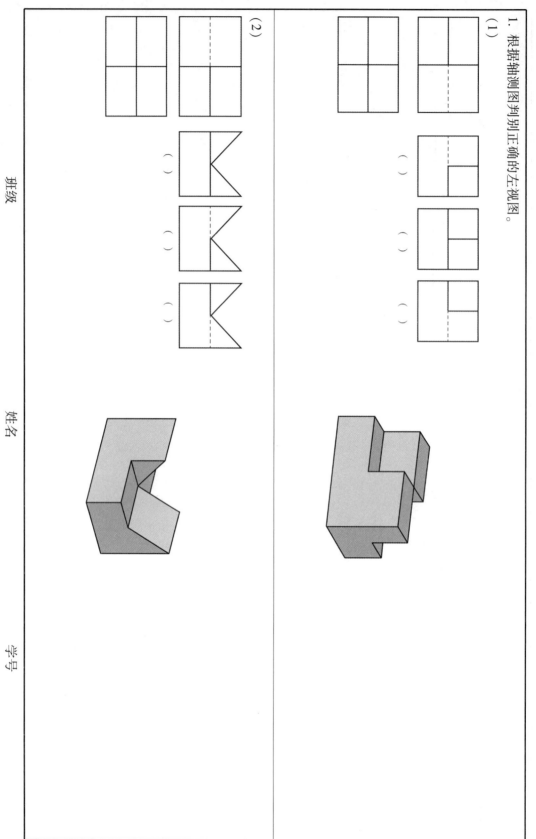

2. 选择与主视图相对应的俯视图及立体图的编号填入表格内。

主视图	俯视图	立体图
(1)		
(2)		
(3)		
(4)		
(5)		
(6)		
(7)		
(8)		

3. 作顶部具有侧垂通槽的四棱柱左端被正垂面截断后的水平投影。

班级　　　　　姓名　　　　　学号

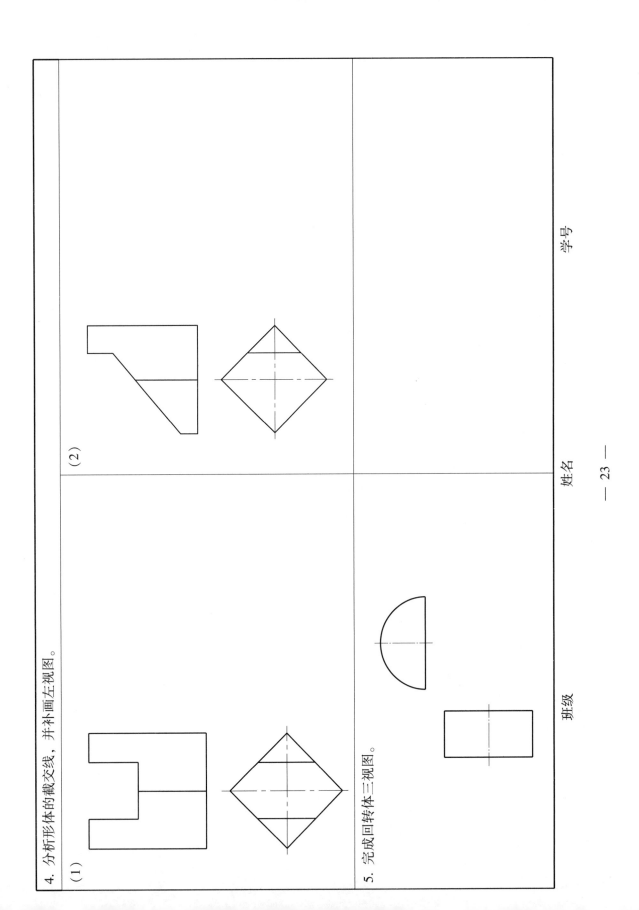

6. 根据立体主视图和俯视图，绘制左视图。

班级　　　　姓名　　　　学号

7. 根据组合体主视图和俯视图，绘制左视图。

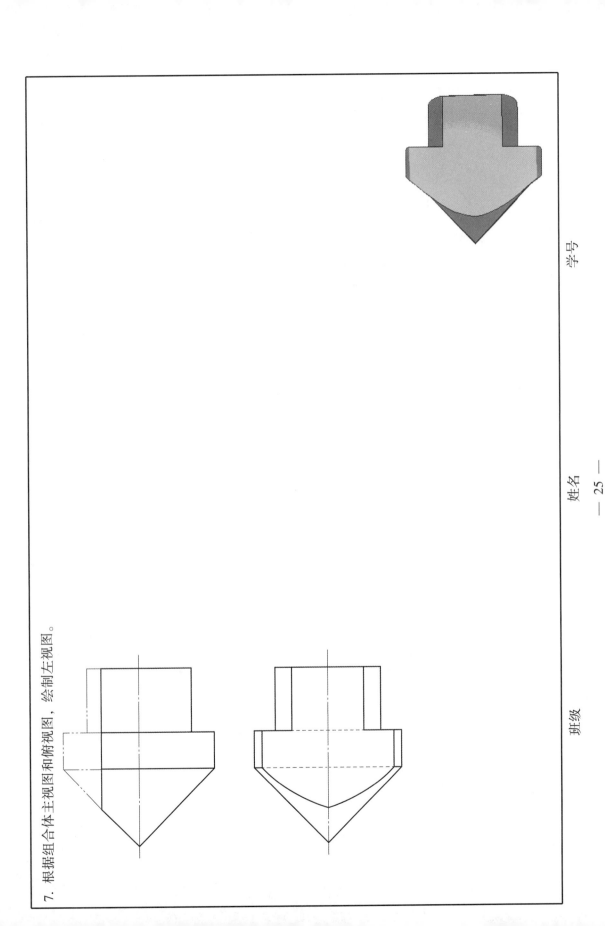

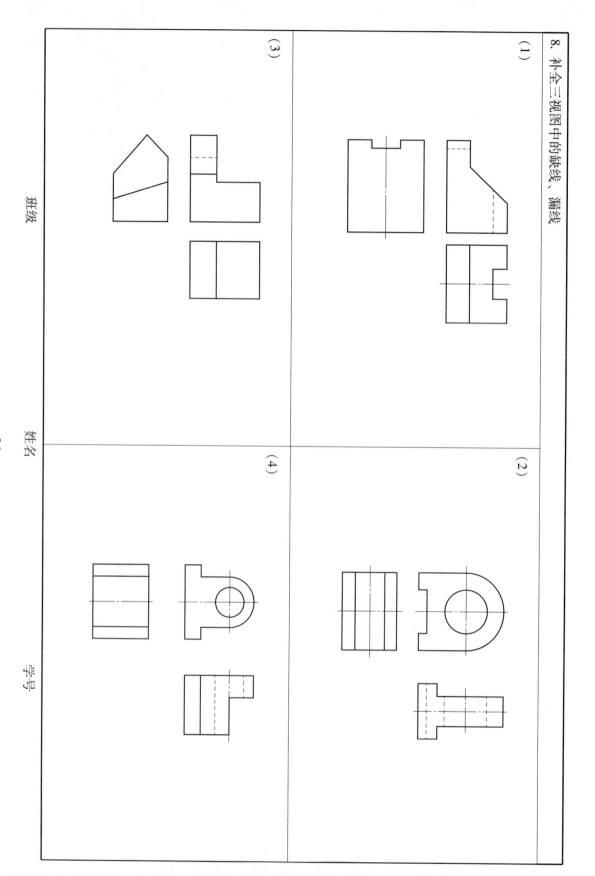

9. 补全组合体侧面投影。

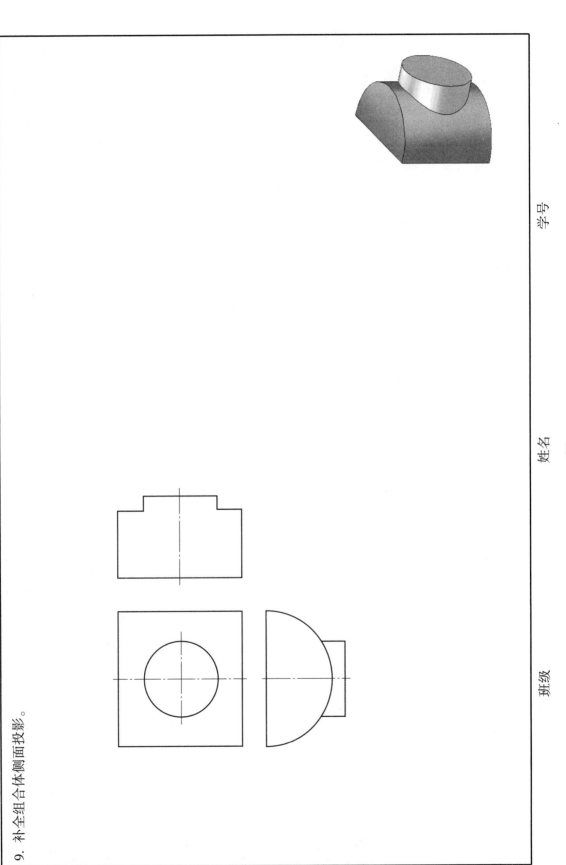

10. 根据轴测图画三视图，尺寸从图中量取（1∶1）。

(1)

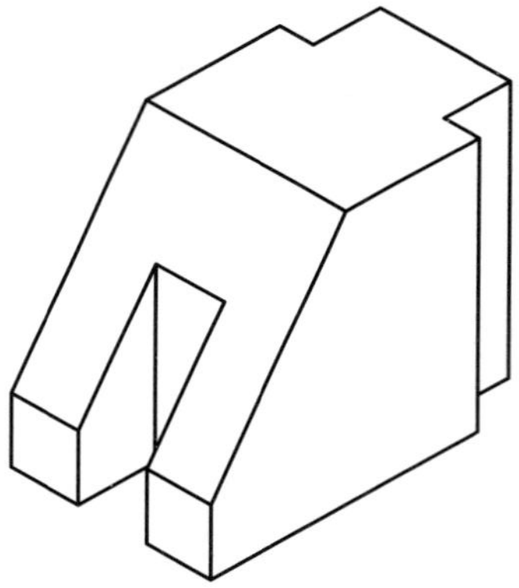

班级　　　　　姓名　　　　　学号

10. 根据轴测图画三视图，尺寸从图中量取（1∶1）。

(2)

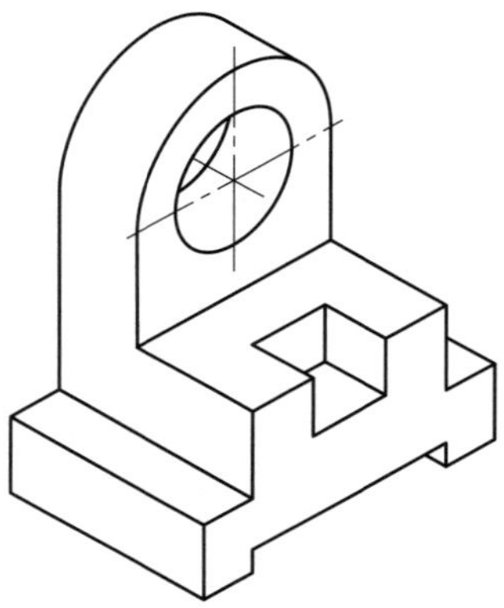

班级　　　　　　　　姓名　　　　　　　　学号

10. 根据轴测图画三视图，尺寸从图中量取（1∶1）。

(3)

10. 根据轴测图画三视图，尺寸从图中量取（1:1）。

(4)

11. 根据轴测图及其尺寸，按 1∶1 的比例画出三视图。

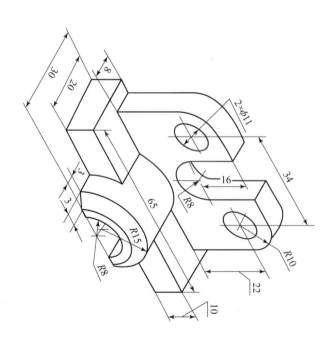

项目 4　绘制轴测图

1. 测量三视图尺寸，用简化伸缩系数绘制正等轴测图。

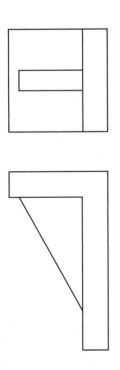
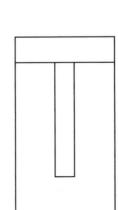

2. 测量视图尺寸，绘制斜二轴测图。

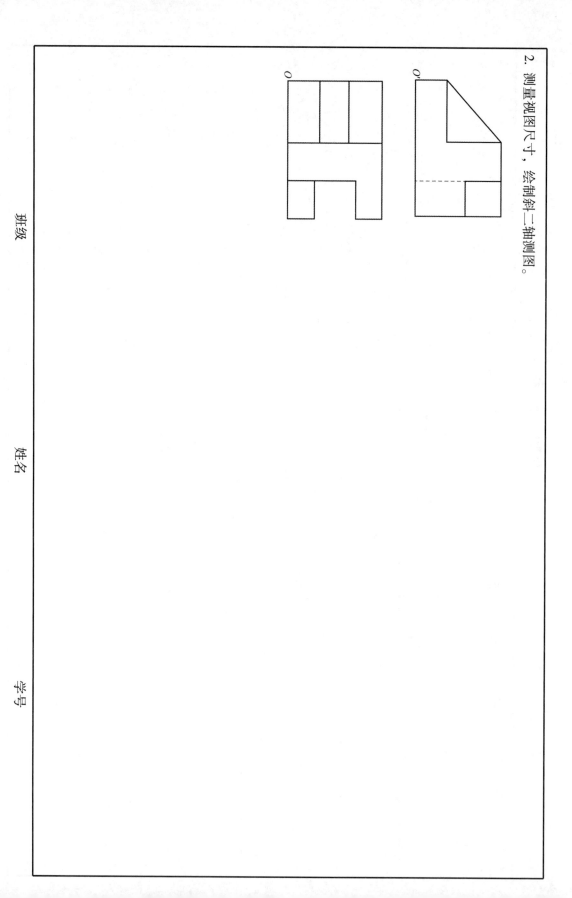

班级　　　　姓名　　　　学号

项目 5　绘制并识读螺纹件三视图

1. 分析下列错误画法，并将正确的图形画在下边的空白处。

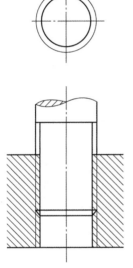

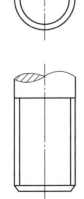

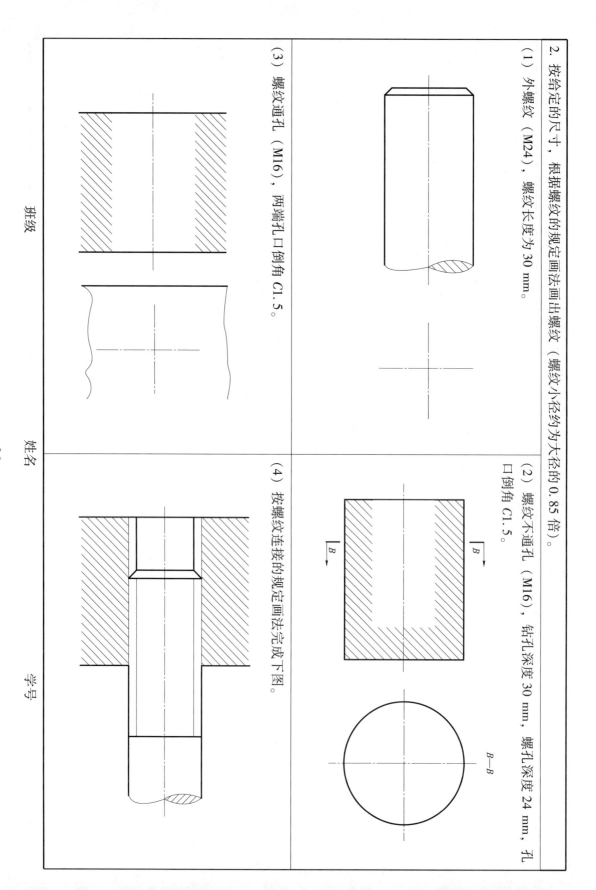

3. 已知螺栓 GB/T 5782—2000 M16（长度计算后查表确定），螺母 GB/T 6170—2000 M16，垫圈 GB/T 97.1—2002 16，用查表画法画出螺栓连接的三视图。

4. 查表填写紧固件的尺寸。

六角头螺栓：螺栓 GB/T 5782-2000 M16×65。

班级　　　　　姓名　　　　　学号

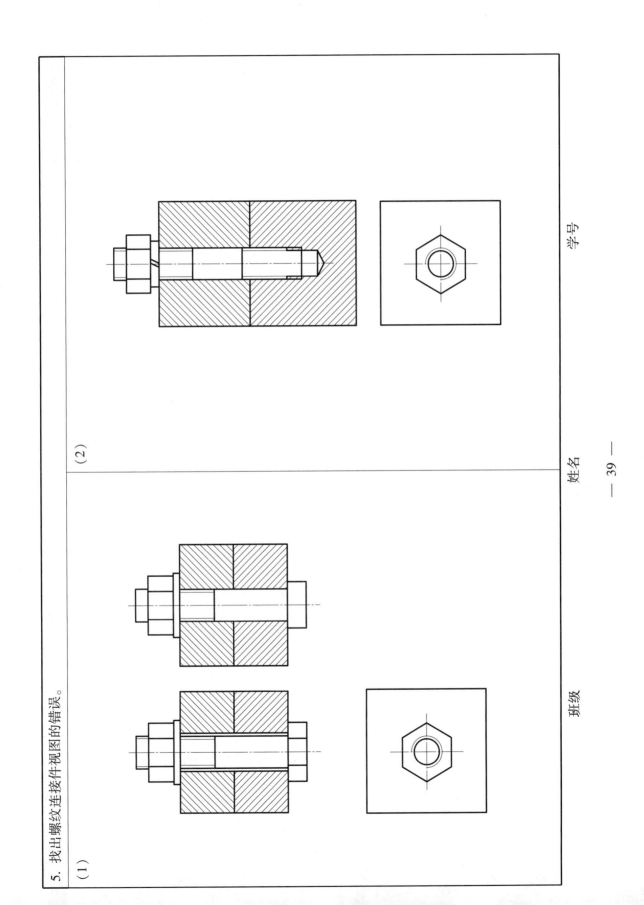

6. 已知：螺栓 GB/T 5780—2000 M16×80，螺母 GB/T 6170—2000 M16，垫圈 GB/T 97.1—2002 16，用近似画法作出连接后的主、俯视图（1∶1）。

7. 已知轴和齿轮用 A 型普通平键连接，轴孔直径为 40 mm，键长为 40 mm。
(1) 查表确定键和键槽的尺寸，按 1∶2 的比例完成轴和齿轮的图形，并标注尺寸。

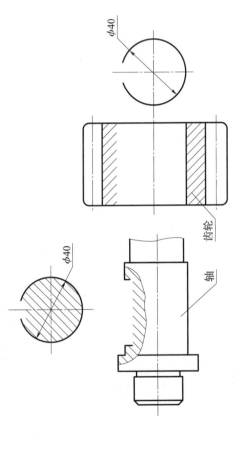

(2) 用键将轴和齿轮连接起来，完成连接图。

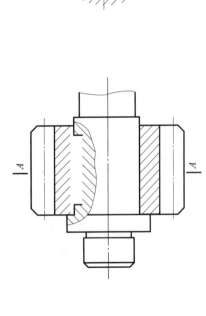

8. 已知大齿轮 $m=40$ mm, $z=40$, 两齿轮中心距 $a=120$ mm, 计算大小齿轮的基本尺寸, 按 1:2 比例完成两齿轮啮合图。

9. 已知齿轮和轴，用 A 型圆头普通平键连接，键 12 × 40 GB/T 1096—2003，轴，孔直径为 $\phi 40$ mm。查表确定键和键槽的尺寸，用 1：2 的比例画出连接后的图形。

(1) 轴

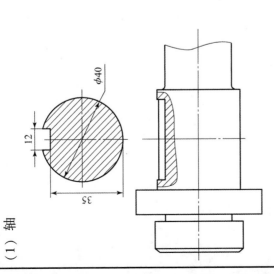

(2) 齿轮

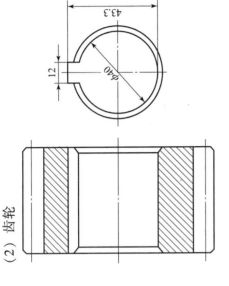

项目 6 徒手绘制简单零件图

1. 根据图中尺寸徒手绘制三视图。

(1)

(2)

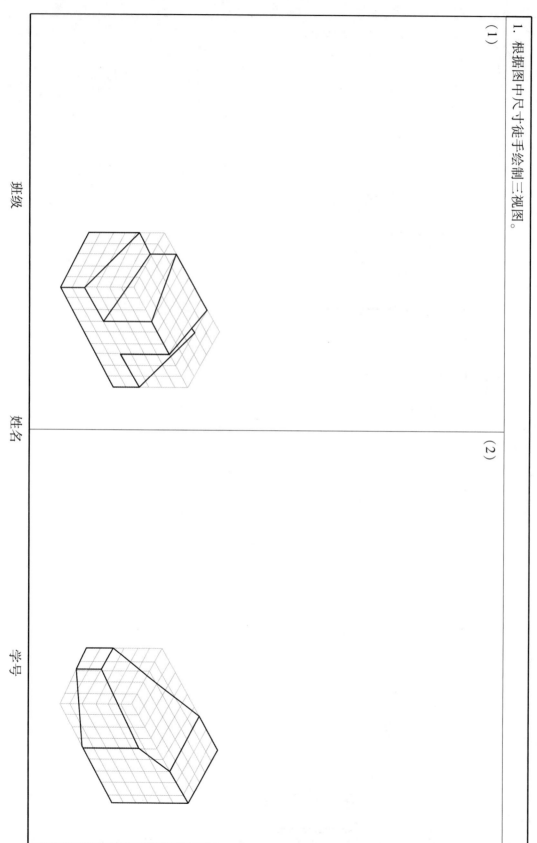

班级　　　姓名　　　学号

项目 7 测绘一级直齿圆柱齿轮减速器从动轴

1. 读齿轮轴零件图，在指定位置补画 A—A 断面图（键槽深 2 mm），并完成思考题。

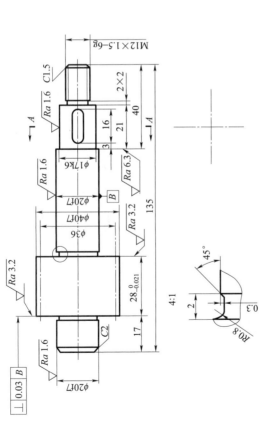

模数 m	2 mm
齿数 z	18
压力角 α	20°
精度等级	8-7-7

技术要求
1. 调质处理 220～250 HBS；
2. 锐角倒钝。

$\sqrt{Ra\,6.3}$ ($\sqrt{\ }$)

齿轮轴		比例		数量	材料	图号
				1	45	CLB-12
制图						
设计						

班级　　　　　　姓名　　　　　　学号

思考题：
(1) 说明 φ20f7 的含义：φ20 为 _____，f7 是 _____，如将 φ20f7 写成上下偏差的形式，则注法是 _____。
(2) 说明 ⊥ 0.03 B 的含义：_____。
(3) 在图中用文字和指引线标出长、宽、高方向的主要尺寸基准，并指出轴向主要的定位尺寸。
(4) 指出图中的工艺结构：它有 ___ 处倒角，其尺寸分别为 _____；有 ___ 处退刀槽，其尺寸为 _____；局部放大图所示的结构是 _____。
(5) 说明 M12×1.5-6g 的含义：_____。

2. 读零件图并填空。
(1) ① 在图中指出长、宽、高三个方向的主要尺寸基准。
② 该零件主视图采用_____剖,左视图采用_____剖。
③ 小孔 φ4 的定位尺寸是_____。
④ φ24$^{+0.072}_{+0.020}$ 的基本尺寸是_____,最大极限尺寸是_____,公差是_____,上偏差是_____,下偏差是_____。

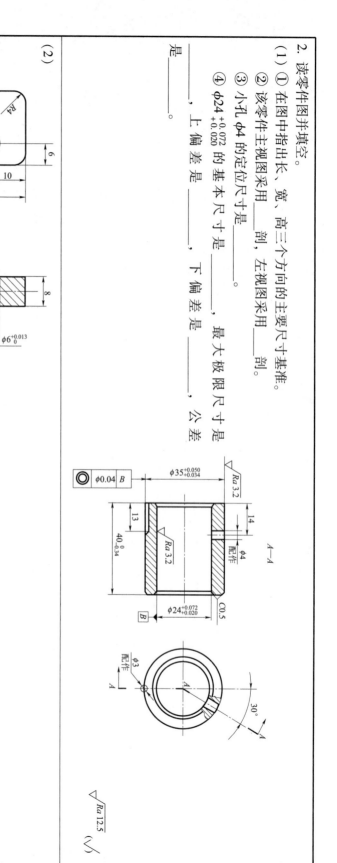

(2)
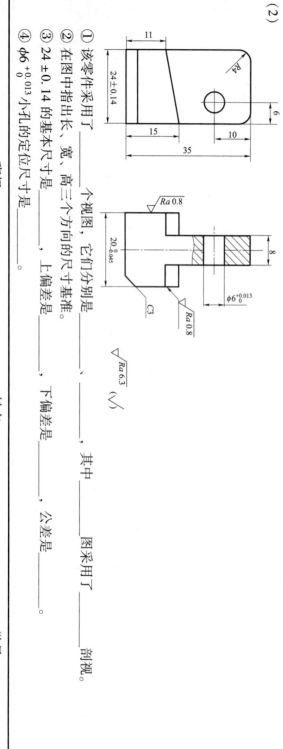

① 该零件采用了_____个视图,它们分别是_____、_____,其中_____图采用了_____剖视。
② 在图中指出长、宽、高三个方向的尺寸基准。
③ 24±0.14 的基本尺寸是_____,上偏差是_____,下偏差是_____。
④ φ6$^{+0.013}_{0}$ 小孔的定位尺寸是_____。

3. 读零件图并填空。

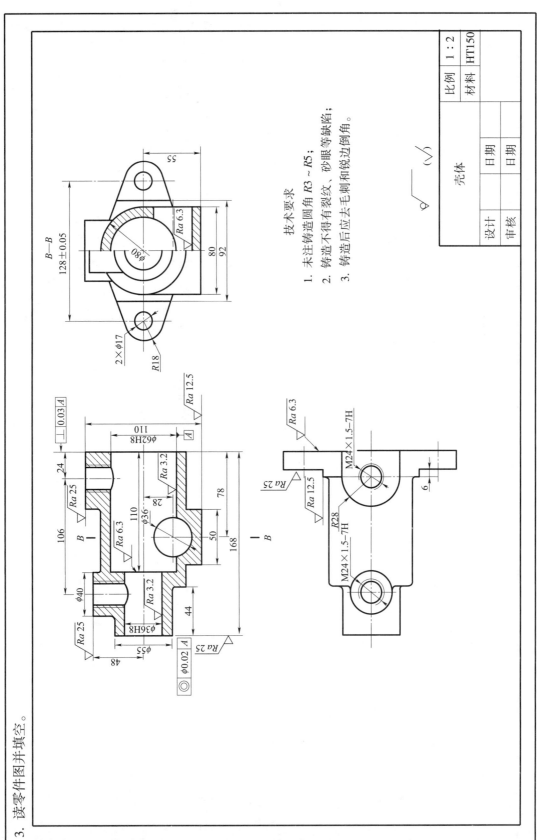

3. 读零件图并填空。

(1) 在图上用指引线标出长、宽、高三个方向的主要尺寸基准。

(2) φ62H8 表示基本尺寸是_____，公差带代号是_____，公差等级为_____，是否为基准孔_____。

(3) 中心距尺寸为 128±0.05，其最大可加工成_____，最小可加工成_____，公差值是_____。

(4) M24×1.5－7H 是_____，螺纹、大径是_____，螺距是_____，旋向为_____，中径和顶径公差带代号是_____。

(5) ⌖ φ0.02 A 表示提取组成要素是_____，基准要素是_____，几何公差项目是_____，公差值是_____。

(6) 壳体右端面的表面结构代号是_____，φ80 外圆柱面的表面结构代号是_____。

(7) 在俯视图上用虚线画出 φ36 与 φ62H8 两圆柱孔的相贯线投影。

(8) 在下面画出主视图的外形图。

班级　　　　　　　　　姓名　　　　　　　　　学号

4. 读支架零件图，并回答下列问题：
(1) 分别用指引线和文字指出支架长、宽、高三个方向的主要尺寸基准（见图示△）。
(2) 零件上 2 × _____ 孔的定位尺寸是 _____ 。
(3) M6 – 7H 螺纹的含义是 _____ 。
(4) 零件图上各表面粗糙度的最高要求是 _____ ，最低要求是 _____ 。
(5) 表达该支架所采用的一组图形分别为 _____ 、 _____ 、 _____ 。

5. 读底座零件图。

要求：(1) 补画左视图（外形）；
(2) 补全所缺的两个定位尺寸和三个定形尺寸；
(3) 合理地标注各表面的表面结构符号。

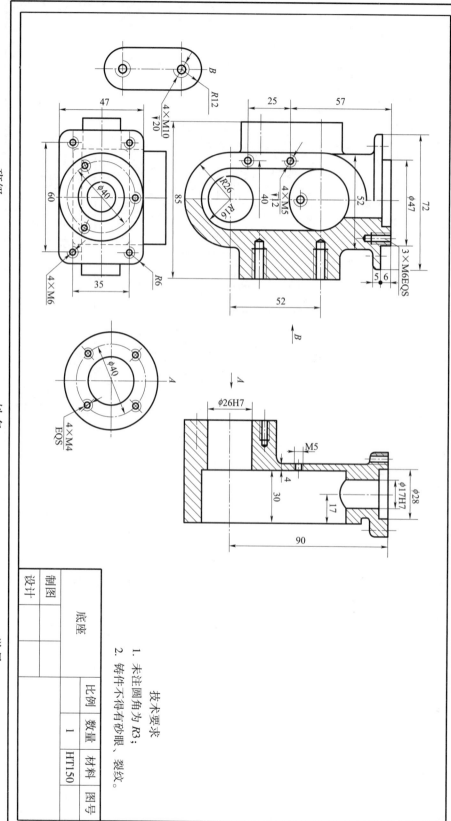

技术要求
1. 未注圆角为R3；
2. 铸件不得有砂眼、裂纹。

6. 读轴承盖零件图，在指定位置画出 B—B 剖视图（采用对称画法，画出下一半，即前方的一半）并回答下列问题。

(1) d9 写成有上、下偏差的注法为 _____。

(2) 主视图的右端面有 ____ 深3 的凹槽，这样的结构是考虑 ____ 零件的质量而设计的。

(3) 说明 $4×\phi9 \atop \sqcup\phi20$ 的含义：4个 ____ 的孔是按与螺纹规格 ____ 的螺栓相配的 ≈1.1d=8.8 ____ 的通孔直径而定的，$\sqcup\phi20$ 的深度只要能锪平到满足 ____ 为止。

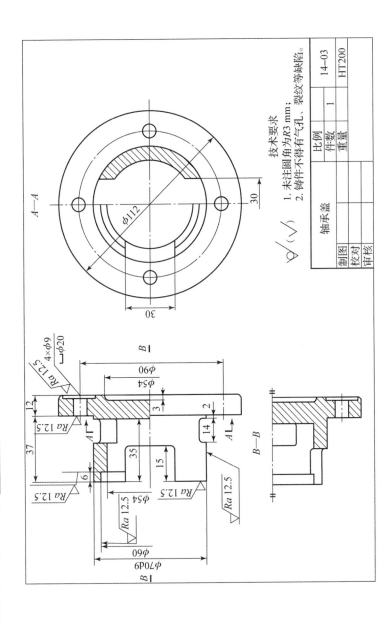

项目 8　测绘一级直齿圆柱齿轮减速器从动轴组件装配示意图及装配图

1. 看懂柱塞泵装配图，并参照柱塞泵的零件明细栏，回答下列问题。

(1) 柱塞 5 与衬套 8 是_____制的_____配合；衬套 8 与泵体 1 是_____制的_____配合。

(2) 当柱塞 5 向左移动时，泵体 1 的内腔压力降低，在大气压力的作用下，油从油箱压入油管，并推开下阀瓣_____，进入泵体内腔；当柱塞 5 向右移动时，下阀瓣_____，受压关闭，内腔油压升高，油从后面出口流出，经出油管通向用油设备_____上部，油从_____阀瓣_____，进入阀体_____。

(3) 填料压盖 6 和泵体 1 用螺柱_____连接，起压紧填料_____和_____螺母_____作用。

(4) 衬套 8 起_____作用。

(5) 填料 7、垫圈 10 分别用毛毡和橡胶材料制成，它们起_____作用。

(6) 阀体 9 和泵体 1 是_____螺纹连接，G3/4/G3/4A 的含义是 A 级密封的外_____螺纹连接。

(7) 主、俯视图上的 φ15 mm 和 φ14 mm 孔起穿入_____和插入销子的作用。

(8) 盖螺母 11 与阀体 9 是_____螺纹连接，M39×2 表示直径为 39 mm 的普通螺纹，螺距为_____。

柱塞泵的零件明细栏

序号	名称	数量	材料	备注
1	泵体	1	HT150	
2	螺母 M12	2	Q235	GB/T 6170—2000
3	垫圈	2	Q235	GB/T 97.1—2002
4	螺柱 M12×40	2	Q235	GB/T 899—1988
5	柱塞	1	45	
6	填料压盖	1	ZHMn58-2-2	
7	填料	1	毛毡	
8	衬套	1	ZHMn58-2-2	
9	阀体	1	ZHMn58-2-2	
10	垫圈	1	橡胶	
11	盖螺母	1	ZHMn58-2-2	
12	垫圈	1	橡胶	
13	上阀瓣	1	ZHMn58-2-2	
14	下阀瓣	1	ZHMn58-2-2	

注：① ZHMn58-2-2 为铸造黄铜，塑性较高，强度较低，焊接性好，常用于制造阀体等零件。
② Q235 为碳素结构钢，强度高，耐磨性和铸造性较低。
③ HT150 为灰铸铁，承受中等应力的零件，用于制造螺柱、螺母、垫圈等零件。

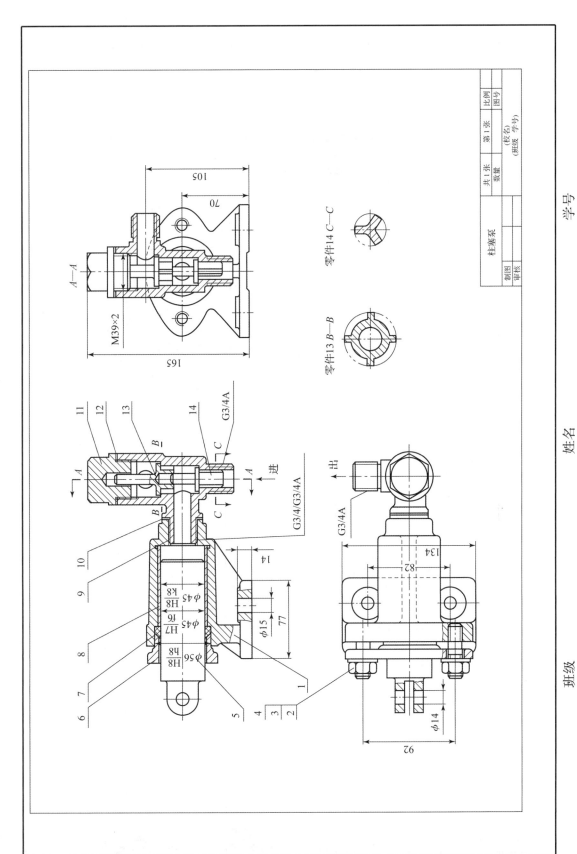

2. 读钻模装配图

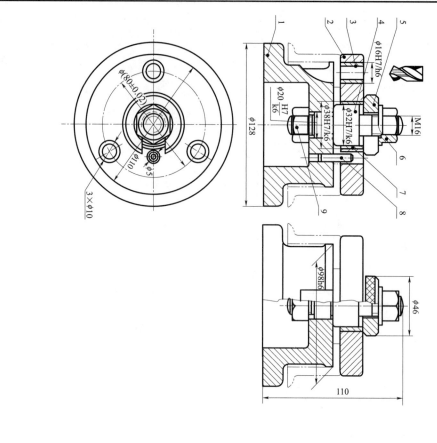

工作原理：

钻模是用于加工工件（图中用细双点画线表示的部分）的夹具。把工件放在件1底座上，装上件2钻模板，钻模板通过件8圆柱销定位后，再放置件5开口垫圈，并用件6特制螺母压紧。钻头通过件3钻套的内孔，准确地在工件上钻孔。

序号	名称	数量	材料	备注
9	螺母 M16	1	8级	GB/T 6710—2000
8	圆柱销 5m6×30	1	35	GB/T 119.1—2000
7	衬套	1	45	
6	特制螺母	1	35	
5	开口垫圈	1	45	
4	轴	1	45	
3	钻套	3	T8	
2	钻模板	1	45	
1	底座	1	HT150	
序号	名称	数量	材料	备注

钻模	比例	共10张	7-01
	质量	第1张	

制图			
设计			
审核			

班级　　　姓名　　　学号

项目 9 AutoCAD 绘制并识读方形螺母零件图

1. 用 AutoCAD 软件绘制曲柄零件图，并标注尺寸与公差。

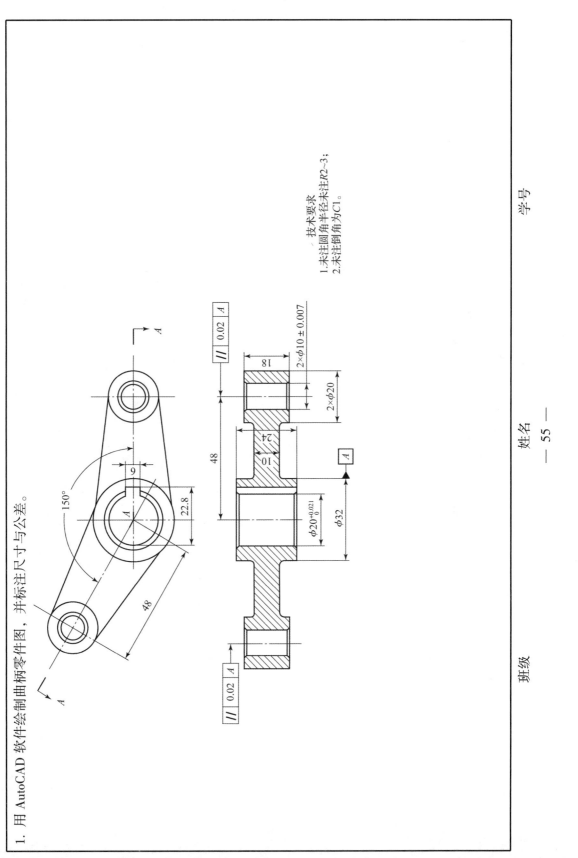

2. 用 AutoCAD 软件绘制轴类零件图，并标注尺寸与公差。

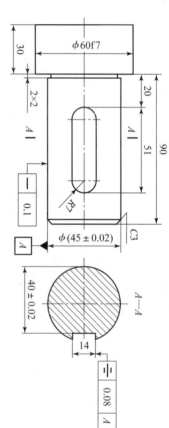

班级　　　　　　姓名　　　　　　学号

3. 用 AutoCAD 绘制下图，标注尺寸，并将表面粗糙度符号设成带属性的块，插入到图形中。

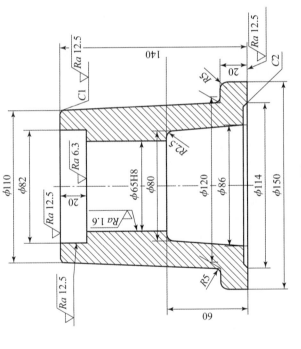

图 3